Roberto Orlando Quesquén Fernández
Carlos Humberto Ponte Escudero

Embarcaciones pesqueras

Roberto Orlando Quesquén Fernández
Carlos Humberto Ponte Escudero

Embarcaciones pesqueras

Editorial Académica Española

Imprint

Any brand names and product names mentioned in this book are subject to trademark, brand or patent protection and are trademarks or registered trademarks of their respective holders. The use of brand names, product names, common names, trade names, product descriptions etc. even without a particular marking in this work is in no way to be construed to mean that such names may be regarded as unrestricted in respect of trademark and brand protection legislation and could thus be used by anyone.

Cover image: www.ingimage.com

Publisher:
Editorial Académica Española
is a trademark of
Dodo Books Indian Ocean Ltd. and OmniScriptum S.R.L publishing group

120 High Road, East Finchley, London, N2 9ED, United Kingdom
Str. Armeneasca 28/1, office 1, Chisinau MD-2012, Republic of Moldova, Europe
Printed at: see last page
ISBN: 978-3-8473-5741-4

"TEXTO: **EMBARCACIONES PESQUERAS**"

AUTOR: ROBERTO ORLANDO QUESQUÉN FERNÁNDEZ

CARLOS HUMBERTO PONTE ESCUDERO

INDICE

INTRODUCCIÓN

La pesca es una actividad que proporciona alimento de calidad a la humanidad, además, de constituir una actividad productiva que genera economía y progreso a muchos países en el mundo. Aunque en la actualidad la explotación pesquera ha llegado a niveles que ha llevado a la depredación de grandes recursos, colapsando diversas pesquerías en casi todos los océanos del mundo, sin embargo, aún existen recursos, en algunos casos con abundante biomasa. Además, según algunos especialistas aún faltan por descubrir otros recursos, especialmente de los fondos marinos que son poco accesibles con la infraestructura pesquera disponible.

La principal plataforma para la extracción de estos recursos son las embarcaciones. Existen de diversos materiales, tamaños y propósitos. Por las características de las especies muchas veces se requiere métodos específicos para su captura. Por tal motivo se han tenido que diseñar embarcaciones para cada tipo de captura como, por ejemplo, pesca con redes de arrastre, con redes de cerco, con espinel, con arpón o recolección mediante buceo, etc.

Las embarcaciones pesqueras, además, deben contar con los aparejos y equipos necesarios para cada tipo de pesca, por lo que las embarcaciones pesqueras suelen ser especializadas según el método de pesca que utiliza. Estos aparejos y equipos suelen modificar o condicionar alguna característica en el diseño de las embarcaciones.

Como se evidencia, la pesca es una actividad económica que requiere de un amplio conocimiento de diversas disciplinas a fin de cubrir el amplio campo de actividades que demanda su desarrollo. Otro aspecto importante son los medios para transportar los recursos capturados en las mejores condiciones. Las plataformas o buques o embarcaciones, tienen particularidades que le hacen compleja su diseño y construcción.

La formación profesional en estos campos es importante, sobre todo si son formados de manera que responda a las necesidades locales. Es necesario disponer de información científica consolidada y ordenada en nuestro idioma para la formación profesional.

El presente libro tiene por objeto brindar la información básica sobre las embarcaciones pesqueras, sus características, partes, las marcas o señas convencionales y aparejos propios de la actividad naval, los equipos e instrumentos de uso excluso para los diferentes tipos de pesca que principalmente se practican en el Perú y una introducción superficial al diseño de las embarcaciones marinas. El libro está orientado para que constituya una guía para el estudiante de la carrera de ingeniería pesquera o afines.

Con el presente trabajo se pretende cubrir las necesidades de aprendizaje de los estudiantes a nivel universitario en el campo de la pesquería en lo relacionado a las embarcaciones utilizadas para la realización de la pesca de los recursos pesqueros marinos, sean especies pelágicas o demersales que habitan en el océano Pacífico sur, como son las costas del Perú.

En el Capítulo I se definen algunos términos propios de las embarcaciones pesqueras que permite su comprensión tanto en su diseño como en su funcionamiento a fin que se haga comprensible para cualquiera que lea este trabajo. Además, se presenta una breve introducción a la arquitectura naval, es decir, explicando el fundamento físico de la flotabilidad y equilibrio requerido al diseño de las embarcaciones en general. El Capítulo II describe las características generales de los diferentes tipos de las embarcaciones pesqueras, así como los principales equipos que se usan para las faenas de pesca. El Capítulo III describe la base teórica para el diseño de las embarcaciones pesqueras como la resistencia al avance, las fases iniciales del diseño de una embarcación.

El Capítulo IV describe los conceptos, fabricación, tipos y cálculos de los cabos y cables empleados en las embarcaciones en general, y en particular de las embarcaciones pesqueras. El Capítulo V describe los sistemas de propulsión que se usan en las embarcaciones, empezando con el velamen, los primeros sistemas usados, hasta las actuales, como el nuclear, solar o eólico. El Capítulo VI describe las embarcaciones menores que existen como complemento a las actividades pesqueras, así como otras que por su tamaño pueden usarse en diversas actividades. Igualmente se describe las embarcaciones pesqueras menores de acuerdo a la actual normatividad vigente.

CAPITULO I

DEFINICIONES E INTRODUCCIÓN A LA ARQUITECTURA NAVAL

Antes de abordar cualquier tema es conveniente uniformizar los conceptos empleados en dicha materia a fin de que sea comprensible por cualquier persona. Por ese motivo se presenta los términos que se emplean con más frecuente en el uso y diseño de las embarcaciones pesqueras. Para ello se revisó diversas bibliografías

1.1. Buque

El término buque[1] se define como toda estructura que flota, con o sin propulsión propia, y es destinado con fines comercial (como transporte de pasajeros, de carga, de pesca, etc.), militar (buques de guerra), científico (oceanográficos, etc.) y otras actividades auxiliares (remolque, dragado, rompehielos) así como deportivo (Barbudo, 1993).

En términos sencillos, un buque es una caja estanca con forma apropiada que facilite cumplir su función. A esta caja estanca se le conoce como casco. Sobre esta se construye compartimientos o ambientes llamados superestructura. Parte del casco está sumergido, constituyendo la obra viva o carena, y el resto está por encima de la superficie del agua, llamado obra muerta. Toda embarcación debe reunir las siguientes condiciones (Barbudo, 1993; Delado, 2005; Mandelli, 1986):

- *Flotabilidad*: Es la capacidad para flotar en el agua.
- *Solidez o resistencia*: Las embarcaciones deben ser suficientemente fuerte para mantener su unidad estructural.
- *Estanqueidad*: o impermeabilidad, de esta forma se asegura que no entre agua dentro del buque.
- **Estabilidad**: Es la capacidad del buque para que se mantenga su equilibrio en el agua.
- *Navegabilidad* (velocidad): Es la capacidad para desplazarse en el agua.

---

[1] Otros términos sinónimos de buque son embarcación, barco y nave.

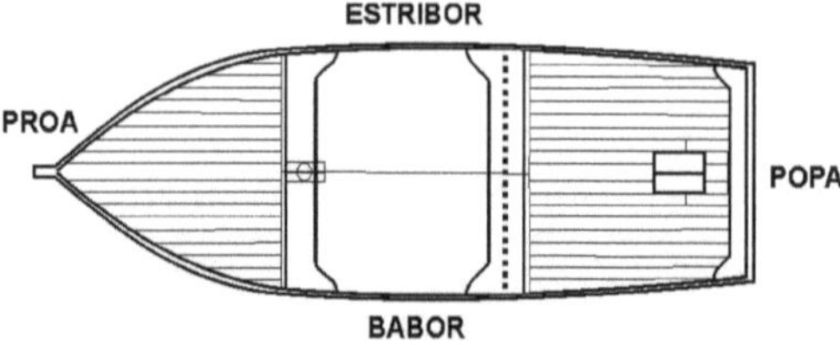

Fig. 1.1. Un buque mostrando sus lados principales. Elaboración propia.

Algunas características que son notables en las embarcaciones son las siguientes:

1.2. Lados

- **Proa**: Se denomina así a la parte delantera de un buque. Por extensión comprende también el tercio anterior (Fig. 1.1). Su forma está diseñada para cortar las aguas a fin de facilitar el desplazamiento del buque. Las formas más comunes son recta, trawler, violín, lanzada, bulbo, maier (ver la Figura 1.2).
- **Popa**: Es la parte posterior de un buque y por extensión se llama así a su tercera parte trasera (Fig. 1.1). La forma de la popa está diseñada para disminuir los remolinos que se forman cuando navega por que produce pérdida de energía. Existen popa redonda, espejo (ver Figura 1.3) (Barbudo, 1993)

Figura 1.2. Diferentes formas de proa. Fuente: elaboración propia

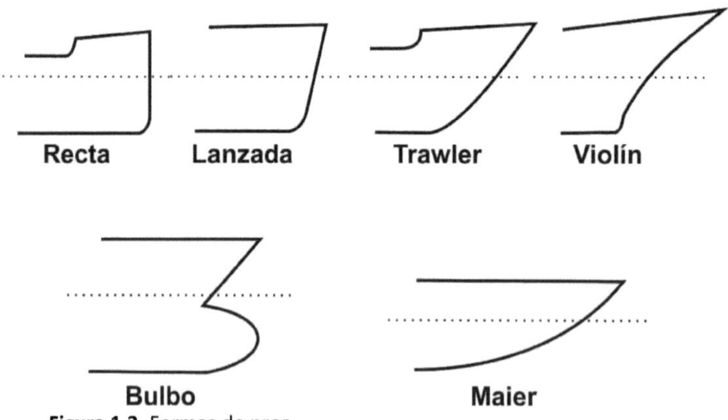

Figura 1.3. Formas de proa.

TIPOS DE POPAS

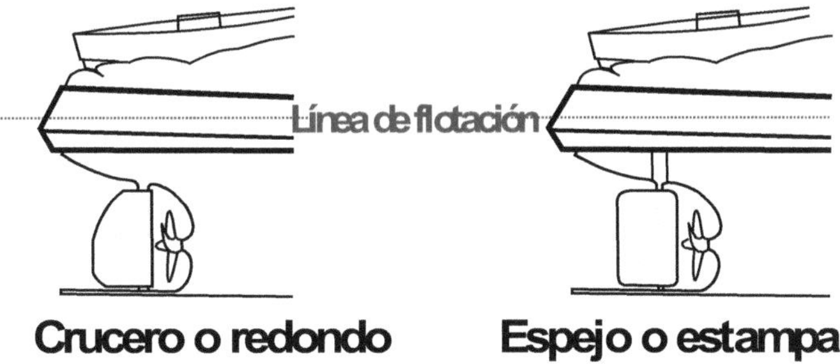

- **Estribor**: Corresponde al lado derecho de un buque, mirando de popa hacia proa.
- **Babor:** Es el lado izquierdo de una embarcación, mirando de popa hacia proa del buque.
- **Obra viva**: Se denomina así a la parte sumergida de una embarcación, es decir, desde la parte inferior de la quilla hasta la línea de flotación (Fig. 1.4).

Figura 1.4. Algunas medidas principales.

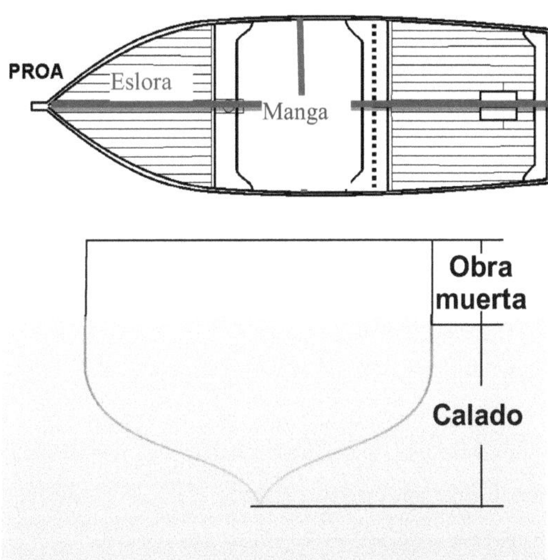

- **Obra muerta**: Corresponde a la parte del buque que emerge por encima del agua (Fig. 1.4)

- **Eslora:** Longitud o distancia entre el extremo de la popa al extremo de la proa (Fig. 1.4). Es la medida más usada para caracterizar un buque. Existen distintos tipos de eslora: Eslora total o máxima (Em) es la que se ha definido como eslora, se usa con frecuencia para estimar las primas de seguro, el espacio necesario para atracar en el muelle y otras aplicaciones similares; la Eslora de flotación (Ef) es la distancia que hay entre los puntos de la proa y popa que se intercepta con la línea de flotación, está eslora ayuda a determinar las capacidades de navegación del navío como la velocidad máxima que puede alcanzar. Una tercera eslora es la que mide la distancia entre las perpendiculares tomadas en proa y poca, el cual se denomina "eslora entre perpendiculares" (Epp). Ver la Figura 1.5.

- **Manga**: Es el ancho de un buque. Se mide en el centro, a la altura de la cuaderna maestra (Fig. 1.4), suele ser el máximo ancho que puede tener un buque. Al igual que en la eslora, también existe la manga máxima (Mm) que es la distancia transversal máxima medida por fuera del casco y la manga de flotación (Mf) es el ancho medido sobre la línea de flotación, como se muestra en la Figura 1.5.

- **Puntal:** Es la altura del buque medida desde el borde inferior de la quilla hasta la cubierta principal. Existen diferentes tipos de puntal, como el puntal de bodega (Pb) que corresponde desde el fondo o doblefondo hasta la cubierta principal en su intersección con el costado del casco; y el puntal de construcción (Pc) que corresponde a la altura del buque (Fig. 1.5) es decir, desde la quilla hasta la cubierta en su intersección con el costado del casco. También se conoce con este término a la estructura vertical a manera de columna, que sostiene los baos.

- **Calado:** Se denomina así a la parte sumergida del buque en el agua. Se mide a partir de la cara superior de la quilla hasta la línea de flotación. Cuando el calado se mide en la popa se denomina calado en popa (Cpp) y cuando se mide el calado en la proa se denomina calado en la proa (Cpr). Véase la Figura 1.5.

- **Desplazamiento:** Es el peso del volumen de agua que desaloja un buque y es igual al peso del buque en el agua.

- **Línea de flotación**: Es la línea determinada por la intersección del plano de nivel libre del agua con la superficie exterior del casco.

Figura 1.5. Dimensiones básicas de un buque.

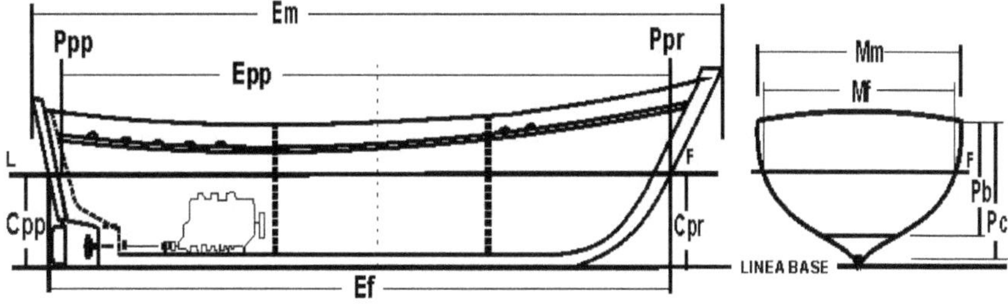

1.3. Términos en relación a la estructura de una embarcación

La estructura de un buque es lo que le da forma y fortaleza. Estas partes unidas contribuyen con las cualidades propias de un buque. Así, algunos elementos estructurales forman el esqueleto del buque como la quilla, cuadernas, varengas, baos, vagras, puntales, palmejares, roda y codaste). Otros compartimientos estancos (forro exterior, cubiertas y mamparos) que contribuyen con la solidez de la estructura del buque. Se consideran tres tipos básicos de estructuras: transversal, longitudinal y mixta.

Las piezas fundamentales en la estructura transversal son las cuadernas, bulárcamas, varengas y baos. (Barbudo, 1993; Oyvind, 2004); Estas piezas forman una especie de anillos espaciados a lo largo de la eslora. Contribuyen con su solidez. La estructura longitudinal está compuesta por las vagras, palmejares y esloras. La estructura mixta es una combinación de las dos anteriores y es frecuente en los buques de guerra.

1.3.1. Quilla: Es una estructura horizontal que va de proa a popa. Se ubica en la parte más baja del buque (Fig. 1.6 y 1.9). Es el soporte de las cuadernas y con esta es la que se inicia la construcción de un buque. Contribuye con la resistencia longitudinal además de distribuir los esfuerzos causados durante la construcción del buque. Cuando el buque se vara para hacer reparaciones, este se apoya sobre la quilla por lo que debe distribuir los esfuerzos al resto de la estructura.

Figura 1.6. Detalle de algunas estructuras de un buque.

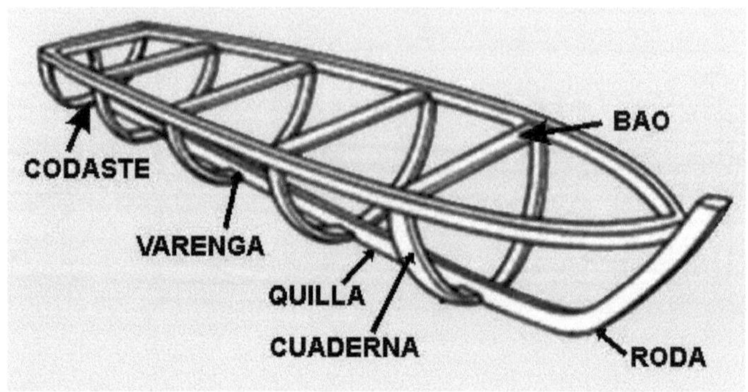

Las quillas pueden adquirir diferentes formas, que depende del tipo de buque. Las formas más comunes son la quilla horizontal y la quilla de barra, aunque ambas tienen una quilla vertical o sobrequilla.

Figura 1.7. Algunos tipos de quilla de buques. Fuente, elaboración propia

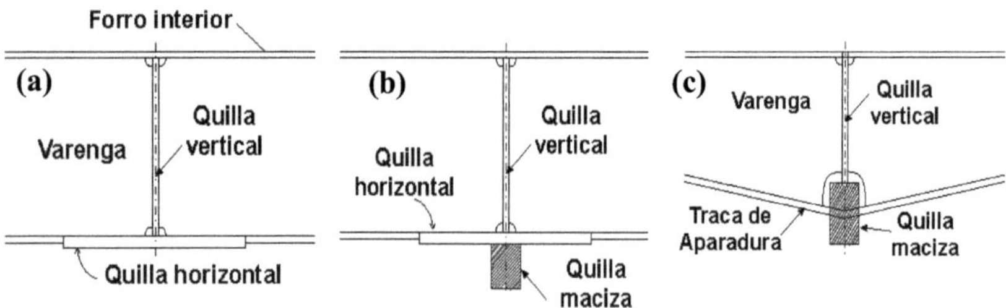

La quilla horizontal está conformada por una traca de fondo central con un espesor mayor a la traca de aparadura (ver Figura 1.7a). La quilla de barra o maciza son frecuentes en las embarcaciones pesqueras, está ubicada en la línea de crujía y de donde se sueldan las tracas

de aparadura. Sobre ambos tipos de quillas se suelda una quilla vertical (Figura 1.7b). Existen combinaciones de estos tipos básicos de quillas, la más frecuente es la quilla de cajón compuesta por una quilla horizontal y dos verticales equidistante de la línea de crujía, se colocan refuerzos transversales en el interior y son típicas de buques con doble fondo. Otra forma es la combinación de quilla horizontal, vertical y de barra, como se muestra en la Figura 1.7c, se utiliza cuando se requiere aumentar la resistencia longitudinal de la embarcación.

1.3.2. Cuadernas: Las cuadernas son elementos curvos que nacen desde la quilla. Si la embarcación es de madera esta unión es reforzado con una varenga, pero si es de fierro, las uniones son soldadas. Las cuadernas tienen una posición perpendicular a la quilla (Fig. 1.6). Su función es, además de sostener el forro y dar forma al buque, la de contribuir con la resistencia transversal del buque, soporta los esfuerzos dinámicos que recibe del forro exterior y lo transmite al resto de la estructura y aumenta la resistencia del costado para evitar su pandeo (Mandelli, 1986).

La separación de las cuadernas (en buques con estructura transversal) no es mayor a 1000 milímetros. Las bodegas y la sala de máquinas tienen una separación constante. La distancia es menor en proa y popa para reforzar la estructura contra el golpe del cabeceo. Se dan casos en que una misma cuaderna puede variar de dimensión al pasar de un lado de la cubierta al otro lado, pero sin perder la continuidad estructural que debe tener.

Los puntos de mayor interés en las cuadernas, son las uniones con otros elementos estructurales del buque porque es allí donde se dan los máximos esfuerzos de flexión. Los tipos de conexiones dependen del tipo de estructura del fondo y la cubierta, como se muestra en la Figura 1.8. Así las formas a), b), c) y d) se presentan en buques de doble fondo, si tienen plancha de margen horizontal (a y b) y perpendicular al pantoque (c y d).

En los casos que el fondo sea sencillo, la unión se realiza directamente con la varenga aunque se presenta el problema de la interconexión de la tabla de la varenga con la del perfil, pero que resulta sencillo cuando tiene perfil en T. en la mayoría de los casos que tienen perfiles en ángulo se utilizará la consola a la misma que se le colocará una tabla a fin de asegurar la continuidad de formas (e y f).

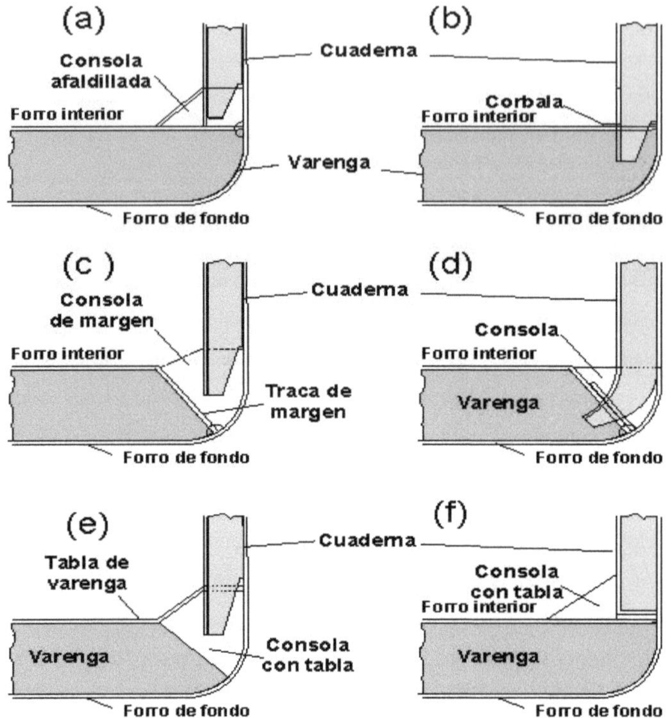

Figura 1.8. Detalle de las uniones de las cuadernas con estructuras de fondo.

En muchos otros casos las cuadernas se han unido a la estructura del fondo a través de la consola de margen (este suele tener tabla, armada o afaldillada) y el punto de unión es a la varenga. En los buques que no tienen varenga (buques con fondo de estructura longitudinal y costados transversales) se amplía la consola de margen hasta que llegue al primer longitudinal de fondo o vagra. Las uniones del extremo bajo de las cuadernas de entrepuente (que son similares a las cuadernas de bodegas), es con soldadura directa entre la cabeza del perfil y la plancha de trancanil.

La **cuaderna maestra**, es la cuaderna ubicada en el centro, en sentido longitudinal, y en la que el buque tiene el ancho máximo.

1.3.3. Baos: Son estructuras horizontales que se apoyan sobre las cuadernas y puntales, a su vez sirven de apoyo (Fig. 1.6 y 1.9). Cuando son de fierro los baos son perfile invertidos como las cuadernas. Junto con los puntales y eslora refuerzan la estructura.

1.3.4. Cubierta: Son las superficies horizontales que dividen el interior del buque. Conforman los pisos y techos de los compartimientos (Fig. 1.9).

Figura 1.9. Partes principales de un buque. Adaptado de www.singladuras.jimdo.com

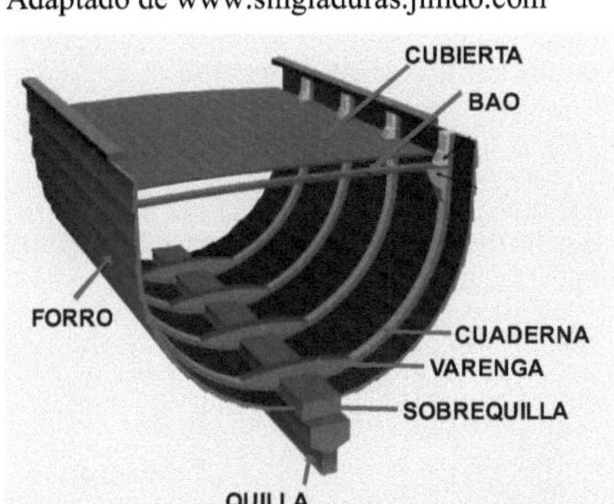

La cubierta principal contribuye con la resistencia longitudinal, transversal y con la estanqueidad. Junto con los mamparos forman un todo resistente y estanco y soporta esfuerzos locales como palos y puntales de carga, grúas, maquinillas, superestructuras, etc. Se caracteriza porque tiene una curvatura transversal (brusca) que contribuye con la resistencia del buque y permite evacuar el agua que ingresa al buque, su forma puede ser trapezoidal o parabólica. Las demás cubiertas responden a fines comerciales y de estiba según sea su propósito.

1.3.5. Casco: Estructura externa que envuelve al buque haciéndole impermeable. La forma del buque varia, aunque siempre favorece su desplazamiento en el agua. El material puede ser madera, fierro, acero, goma, hormigón, poliéster, aluminio, etc.

1.3.6. Codaste: Estructura vertical ubicado en el extremo de la popa, es la prolongación de la quilla donde se apoya la hélice y el timón del buque. Suele tener la forma de un marco cerrado y contener piezas fundidas y de acero laminado. Sufre grandes esfuerzos locales como el peso de la pala del timón, esfuerzos de torsión por el movimiento rápido el timón y golpes del mar cuando está agitado.

El codaste tiene dos elementos verticales, el codaste popel y el codaste proel (o contracodaste) que están unidos por el arco y la zapata o pie de codaste (Fig. 1.10). El timón se apoya en los salientes del codaste que encajan en las hendiduras del timón. En el centro del codaste proel hay un hueco atravesado por la bocina donde se empotra la hélice y se conecta con el eje del sistema de propulsión. Una variante de codaste muy empleado es el codaste abierto, pues no tiene el codaste propel y el timón se sostiene por la parte superior y por el eje del timón por donde pasa un tubo. En el caso de los buques con doble hélice tiene un falso codaste que permite soportar el eje del timón.

Figura 1.10. Detalle del codaste de un buque. La imagen superior derecha fue tomada de Barbudo 1993.

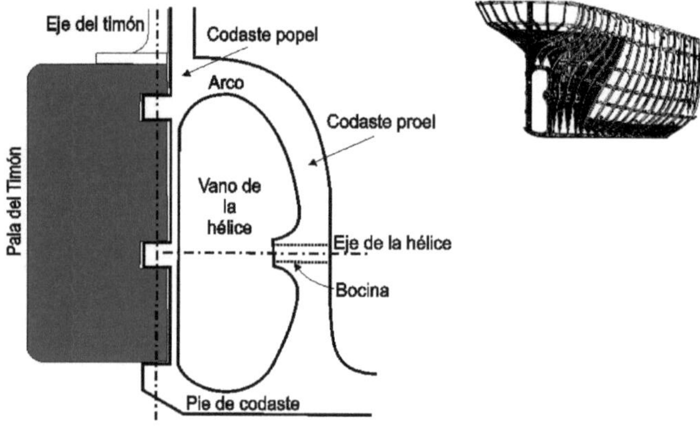

1.3.7. Roda: Estructura ubicado en el extremo de la proa de un buque. Es la prolongación de la quilla. Su forma y distribución está en relación con el tamaño y forma de la construcción del buque. La roda tiene una serie de elementos de soporte de esfuerzos longitudinales (continuación de los palmejares) y transversales a fin de fortalecer la estructura. Debe estar perfectamente unido al forro para que trasmita bien los esfuerzos. Si el buque es de madera, la roda (al igual que la quilla) es una pieza de madera. Si es de metal es una pieza de acero

(Fig. 1.11). En embarcaciones pesqueras la roda suele ser similar a una quilla maciza, es decir, un perfil rectangular o redondo de donde se sueldan directamente los forros exteriores. En buques pequeños (menos de 100 metros de eslora) con frecuencia se usa la quilla maciza y la roda es la prolongación de esta.

Figura 1.11. La roda. Se muestra detalles del diseño de rodas de embarcaciones de fierro.

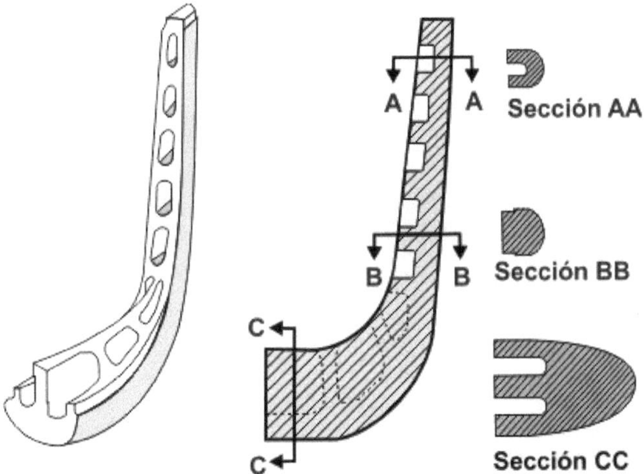

1.3.8. Longitudinales de costado: Piezas similares a las cuadernas, pero en sentido longitudinal que se colocan en buques con eslora superior a los 130 metros. Su función es la de contribuir con la resistencia longitudinal y dar soporte a los esfuerzos dinámicos que recibe el forro exterior. A semejanza de las cuadernas, se colocan cada 70 a 100 cm. Cuando existen mamparos transversales, la continuidad son por consolas o atravesándolos. Puede ocurrir que algunas longitudinales de costado no recorren toda la eslora especialmente en buques con entrepuentes de estructura transversal y bodegas longitudinales.

1.3.9. Bulárcamas: Son semejantes a las cuadernas, pero más robustas y contribuyen con la resistencia transversal. En buques con construcción transversal se colocan de forma equidistante entre sí y se alternan con las cuadernas. En los buques de estructura longitudinal las bulárcamas son los únicos elementos transversales. En general, además de ser buenos soportes del forro exterior de los costados, reciben los esfuerzos que transmiten los longitudinales de costado. Los perfiles de una bulárcama tienen forma de T ó L (Fig. 1.12). En buques con mamparos longitudinales, la bulárcama suele acompañarle una contrabulárcama, se usa traviesas para unirlas formando un anillo de gran resistencia estructural. La bulárcama se une al fondo de manera directa puesto que el alma es ancha no necesita consolas de margen. Si es doble fondo la bulárcama se suelda sobre el forro interior.

Figura 1.12. Detalle de las bulárcamas y palmejar.

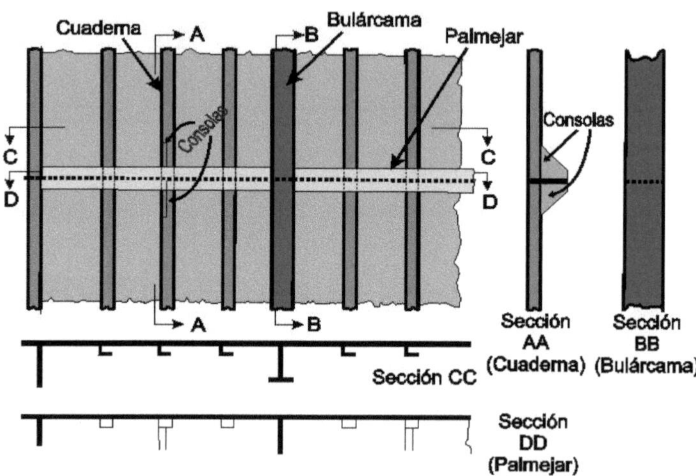

1.3.10. Palmejares: Elementos horizontales paralelo a la quilla, que sirve para dar soporte al forro exterior y sujetar las cuadernas para que su posición se mantenga firme, trasmitiendo los esfuerzos de estas al resto de la estructura (Fig. 1.12). No tiene mayor participación en la resistencia longitudinal puesto que es un elemento aislado que se interrumpe con el cruce con las bulárcamas y los mamparos.

1.3.11. Costados, como conjunto estructural: Los costados del buque están formados por las planchas (tracas) reforzado con elementos longitudinales o transversales. Los esfuerzos en sentido longitudinal se concentran en la parte inferior (pantoque) y superior (intersecciones de la cubierta con las tracas de cinta) disminuyendo al alejarse de estas zonas hasta la línea neutra, ubicada en el costado, donde los requerimientos estructurales son mínimos. En los costados siempre están presentes las bulárcamas. En buques con eslora de más de 130 metros se utiliza los longitudinales de costado. En buques más pequeños se usan cuadernas sujetadas por uno o dos palmejares (Mandelli, 1986).

1.3.12. Forro: Es el conjunto de piezas largas (tablas o planchas de fierro) que unidas conforman la envoltura del casco (Fig. 1.9). Estas piezas largas se les conocen como tracas. Estas están unidas con soldadura. Se recomienda las planchas más grandes posibles, limitado tal vez por las dificultades de su transporte y la capacidad del astillero. Las tracas adquieren nombre según la posición que tienen. Así, las tracas de los costados (posición vertical) se les conoce como cinta o traca de cinta, las tracas que se ubican en la curvatura del casco se le conoce como pantoque y las que son adyacentes a la quilla se les llama de fondo. En los buques de metal con quilla horizontal, esta es una traca con un espesor 30% mayor al resto de las tracas de fondo.

1.3.13. Consola margen: Conocido también como cartabón. Es una pieza de forma de triangulo isósceles, su función es de unir piezas y apoyo de estructuras (Figura 1.12).

1.3.14. Consola de pie de cuaderna o de pantoque: Son consolas que une la cuaderna a la varenga mediante la plancha margen. Se usa ene buques de estructura transversal.

1.3.15. Mamparos: Son superficies longitudinales o transversales que subdividen el casco en compartimientos. Contribuye con la estructura del buque aumentando su rigidez y resistencia. Además, protege contra la propagación de un incendio.

1.3.16. Mamparo estanco: Es aquel mamparo que cierra herméticamente los compartimientos de tal forma que impide que el agua se comunique entre ellos en caso de avería. A estos compartimientos se les conoce como compartimiento estanco. Los mamparos transversales estancos están repartidos de la siguiente manera:

a) Un mamparo de colisión, ubicado entre el 5% - 8% de la eslora del buque, contado desde la proa (perpendicular de proa), sobre la línea de máxima carga.

b) Un mamparo en cada extremo de la sala de máquina

c) Un mamparo de cierre en popa, llamado mamparo del "prensa" o del pique de popa o "raseles". Encierra a la bocina en un compartimiento estanco, cerrado por arriba por su correspondiente plataforma que forma la cubierta del "servo" (máquina de la potencia necesaria para mover la pala del timón.

1.3.17. Bodega: Compartimiento interior de una nave, generalmente bajo la cubierta principal. Con frecuencia es destinado para el almacenamiento de diversos productos.

1.3.18. Pantoque: Se denomina así a la zona curva del casco, ubicado entre el fondo y el costado de un buque. Visto desde el interior corresponde la zona donde se unen las varengas (fondo) y cuadernas (laterales). Véase la Figura 1.9.

1.3.19. Sentina: Es el compartimiento más bajo del buque. Se usa para acumular las aguas utilizadas en las actividades propias de un buque. Hace las veces de letrina. Suele estar debajo de las bodegas.

1.3.20. Arrufo: Curvatura de la cubierta en el sentido de la eslora o, la elevación de la cubierta sobre la horizontal que pasa por su punto más bajo, medida a proa o popa (Figura 1.13).

Figura 1.13. Detalle de los arrufos de popa y de proa.

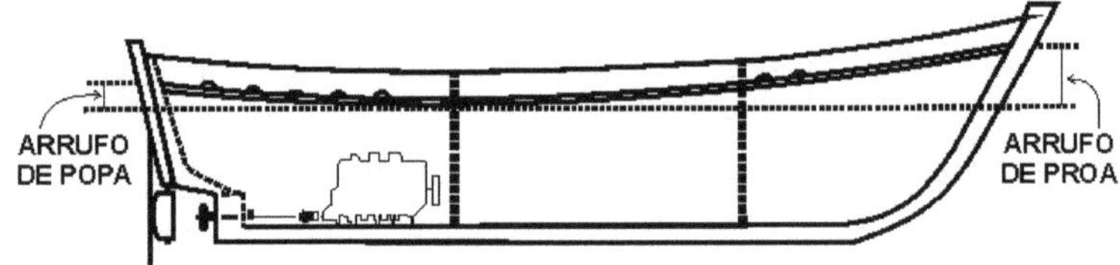

A esta curvatura que tiene la cubierta principal se conoce como arrufo de construcción. Su ventaja es que le permite al agua que llega a la cubierta deslizarse en sentido longitudinal. El arrufo de la parte de proa suele ser el doble que el arrufo de popa.

El arrufo también se puede presentar en ciertas circunstancias. Si consideramos al buque como una viga, se tiene:

- ***El arrufo por deformación***: Es aquella deformación que sufre el casco al cargarse más la parte central que los extremos (Figura 1.14A).
- ***El quebranto***: Es la deformación que sufre el buque cuando los pesos de su carga y lastre se concentra en los extremos y en el centro tiene poco peso (Figura 1.14B).

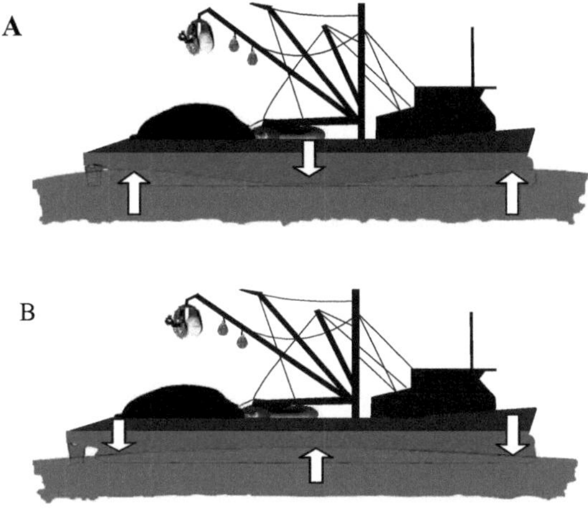

Se producen deformaciones de arrufo o quebranto cuando el buque está en el mar y queda entre dos crestas en sus extremos y un seno en el centro o una cresta en el centro y los senos de la ola en sus extremos, respectivamente (Figura 1.14).

La superficie del casco de un buque suele estar formada por chapas de acero, tablas de madera u otro material adecuado de un cierto espesor. Esta superficie ideal o de diseño tiene, normalmente, un solo plano de simetría, longitudinal, llamado crujía.

1.3.21. Plano de crujía: Es uno de los planos básicos que se emplean como referencia en la representación de la superficie de una embarcación durante su diseño. Tiene una posición vertical, está orientado de proa a popa y se encuentra exactamente en el centro del buque dividiéndolo de manera simétrica. Un segundo plano de referencia es el plano horizontal; sobre el cual puede considerarse apoyada la superficie de diseño, al que se le suele llamar plano de construcción. La intersección del plano de crujía con el plano de construcción se llama línea de construcción o línea base (Figura 1.15).

Figura 1.15. Planos longitudinales y horizontales. El plano longitudinal que se ubica en el centro se conoce como plano de crujía.

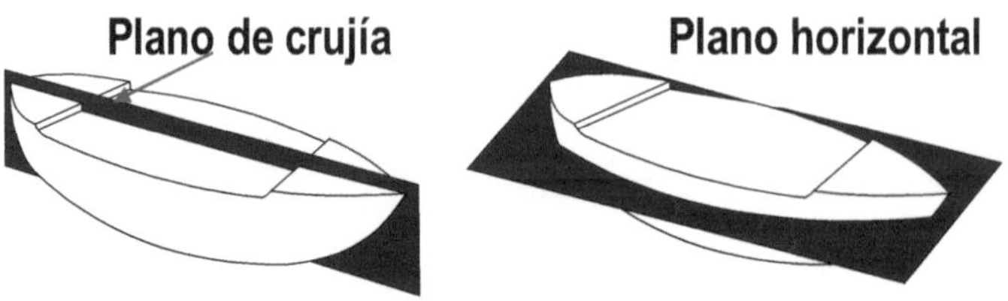

1.3.22. Francobordo

Es la distancia vertical medida entre la línea de flotación y la línea de cubierta principal. El francobordo se mide en el costado del buque y en el centro de su eslora, comprendida (Delgado, 2005).

Figura 2. 16. Imagen de un barco indicando al francobordo

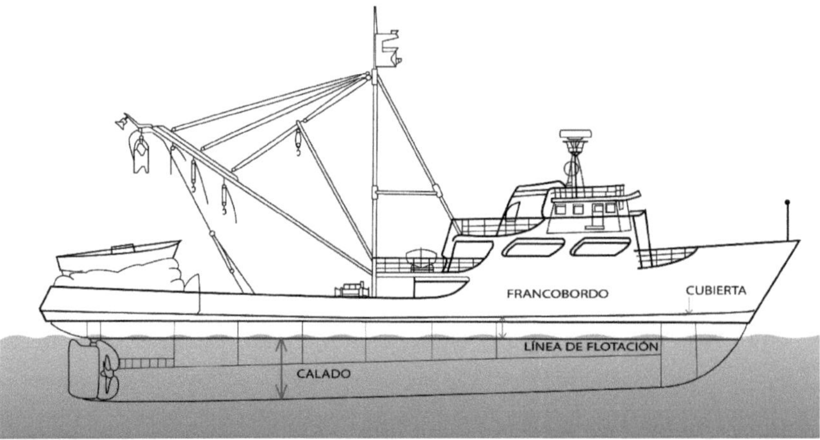

El objetivo de establecer el francobordo en un buque es asegurar un volumen de reserva de flotabilidad, como seguridad en caso de inundación parcial. Este valor varía según la zona de navegación. También se debe tomar en cuenta la expectativa del propietario de transportar

un máximo de carga, así como las regulaciones adoptadas por la convención para la protección de la vida humana en el mar (SOLAS, Safety of Life at Sea).

Hay 3 razones para tener un volumen mínimo del casco del buque fuera del agua:
- Como reserva de flotabilidad, para que cuando el buque navegue entre olas fuertes, el agua que ingrese al buque sea la mínima.
- En caso de inundación, la reserva de flotabilidad evitará su hundimiento, o por lo menos, lo retrasará lo máximo posible.
- El francobordo influye en la estabilidad transversal: al aumentar el valor del francobordo, el ángulo para el cual se anula la estabilidad del buque también aumenta.

Los Francobordos mínimos son:

Francobordo de verano: Se obtiene de las tablas, más modificaciones y correcciones, según el Reglamento del Convenio Internacional sobre Líneas de Carga.

Francobordo tropical: El francobordo mínimo en la zona tropical se obtiene restando del francobordo de verano el 1/48 parte del calado de verano, medido desde el canto alto de la quilla hasta el centro del disco de la marca de francobordo.

Francobordo de invierno: Se obtiene sumando al francobordo de verano un 1/48 parte del calado de verano, medido este desde el canto alto de la quilla hasta el centro del disco de la marca de francobordo.

Francobordo para el Atlántico Norte. El francobordo mínimo para buques de eslora superior a 100 metros que naveguen en el Atlántico Norte se define de acuerdo con el Reglamento del Convenio Internacional sobre Líneas de Carga, durante el periodo estacional de invierno del hemisferio norte, es el francobordo de invierno más 50 mm (2 pulgadas). Para los demás buques al francobordo para el Atlántico Norte, será el francobordo de invierno.

Francobordo de agua dulce: El francobordo mínimo en agua dulce de densidad igual a la unidad se obtendrá restando del francobordo mínimo en agua salada el permiso de agua dulce.

El permiso de agua dulce: Es igual al cociente entre el desplazamiento en agua salada (en ton) de la flotación en carga de verano entre 40 veces las toneladas por centímetro de inmersión en agua salada en la flotación en carga de verano. Como el desplazamiento no varía a fin de mantener el equilibrio, esto es D = E (desplazamiento igual a empuje), se debe desalojar un volumen de agua mayor para compensar la disminución del peso específico. Asumiendo que la eslora y la manga permanecen constantes (dependiendo de las formas del casco) entonces se tendrá un aumento de calado. Al aumentar el calado variará la eslora de flotación. Esta variación del calado se conoce como permiso de agua dulce (Ic).

La línea pintada en la embarcación, conocido como Ojo de Plimsoll, señala la marca de franco bordo, el límite que no se debe pasar. Si se excede un barco por sobrecarga corre el peligro de hundirse con la más mínima inclinación, problema recurrente en los barcos pesqueros. El ojo de Plimsoll tiene un conjunto de letras y símbolos que acompañan a las líneas. A manera de ejemplo se muestra la Figura 1.17, para ayudarnos a entender su significado:

Figura 1.17. Marca que define el francobordo.

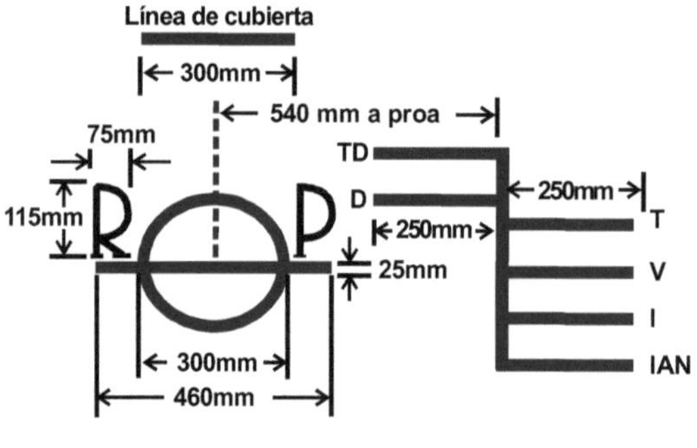

RP: Iniciales del país, en este caso la República del Perú

TD: Tropical agua dulce

D: Agua dulce

T: Tropical agua salada

V: Verano

I: Invierno

IAN: Invierno Atlántico Norte

Se observe que la línea de verano (V) está sobre el mismo nivel que el borde superior de la línea horizontal que pasa por el centro del disco u Ojo de Plimsoll.

1.3.23. Otros términos

- **Alcázar**, se llama así a la superestructura que se encuentra ubicada en la zona de popa.

- **Ancla**: Pieza de metal que sirve para mantener fija el buque en su lugar de fondeo cuando es lanzado al fondo del mar.

- **Bita**: Elemento de hierro a manera de columna corta, que están fijas en cubierta. Sirven para fijar o dar vueltas los cabos, cables y cadenas que se utilizan en la cubierta.

- **Brazola**: brocal que rodea a la escotilla para impedir la caída de agua y objetos al interior del buque.

- **Castillo**: Se conoce así a la superestructura ubicado por encima de la cubierta, en la proa.

- **Escotilla**: Aberturas en la cubierta que permite comunicar de un nivel a otro nivel de la embarcación, también permite dar paso a la luz y al aire para que circule en la parte interior del buque.

- **Doble fondo**: consiste en colocar un segundo forro en la parte interior del buque cubriendo las cuadernas, dividiendo en celdas el fondo de la nave.

- **Escobenes**: agujeros practicados en la roda que permiten el paso de la cadena del ancla.

Calado y marcas de calado o de porte

El calado es la distancia vertical comprendida entre la parte inferior de la quilla y la línea de flotación. Los calados pueden ser de proa, de popa y calado medio (Delgado, 2005).

Figura 1.18. Cálculo del arrufo y el quebranto comparando el calado medio con el calado en el medio. Fuente: elaboración propia

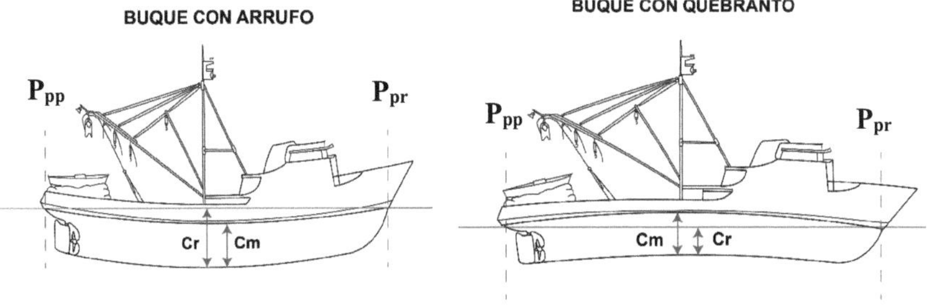

El calado medio (Cm) es la semisuma de los calados de proa y popa. De otro lado el calado en el medio o calado real (Cr) es el calado que se mide en la escala de calados que se encuentra en los costados, en el centro del buque. Normalmente este calado es igual al calado medio (Cr = Cm), pero cuando la quilla sufre una deflexión por la acumulación de pesos en la parte central o en sus extremos no son iguales.

En buques de esloras grandes (petroleros o mineraleros) suelen producirse deformaciones que, en situaciones extremas, puede causar daños estructurales. Para calcular el arrufo o quebranto de un buque se compara el calado medio (Cm) con el calado en el medio (Cr) como se observa en la Fig. 1.18.

Desplazamiento en Rosca

Es el peso real de una embarcación cuando está vacío, sin carga, agua y combustible.

Peso Muerto

Peso que puede transportar una embarcación cuando es cargado hasta su calado máximo permisible, se incluye combustible, agua dulce, aparejos, provisiones, etc.

Desplazamiento en Carga

Es igual al desplazamiento en rocas más el peso muerto. Todos los buques tienen en la proa y popa, y a veces también en el centro, las escalas de calado, graduadas generalmente en pies a una banda y en decímetros en la otra. Estas escalas tienen gran utilidad (Fig. 1.19).

Figura 1.19. Marcas de calado.

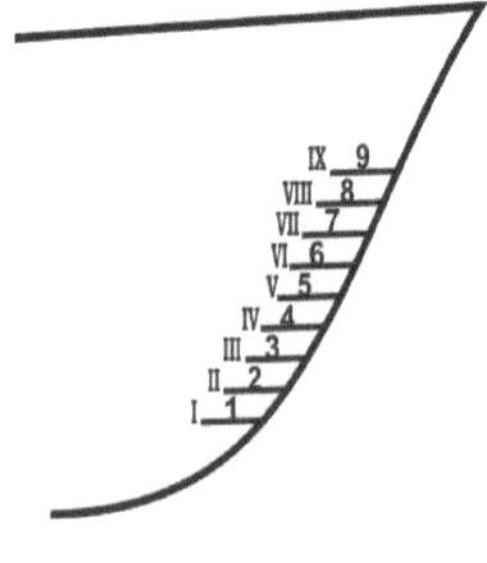

Arqueo

Es la medida convencional de la capacidad o volumen interno del buque. Se mide en toneladas Moorson, toneladas de arqueo bruto (GT) o toneladas de arqueo neto (NT), según el caso.

Los buques están sujetos constantemente al pago de derechos de puerto, remolque, carenado, paso por canales, etc., y es evidente que los mismos deben ser proporcionales a la capacidad comercial del buque. La manera más adecuada de expresar esta capacidad comercial es medir el volumen interno, obteniéndose lo que se llama el arqueo bruto. Si a este arqueo **bruto** se le resta el espacio ocupado por las máquinas y combustible, tripulación y en general los espacios no destinados al transporte de carga o pasajeros, se obtiene finalmente el **arqueo neto.** Ambos arqueos son, pues, volúmenes y se expresan usando como unidad la tonelada de arqueo (equivalente a 100 pies cúbicos, o sea, 2,832 m^3). Cabe notar que la tonelada de arqueo, pese a su nombre, que puede inducir a error sugiriéndonos la idea de un peso, es pues, una unidad de volumen.

1.4. El principio de flotabilidad.

El agua, como todo fluido en estado de reposo, somete a presión las paredes del recipiente que lo contiene y a su vez la misma agua sufre una acción similar por su propia masa en todas las direcciones. Otra característica del agua es su casi incompresibilidad.

Cuando un cuerpo es sumergido total o parcialmente en un líquido, éste lo empuja hacia arriba, produciendo una aparente pérdida de su peso. En la Figura 2.20 se muestra este hecho: se pesa el cuerpo antes de sumergirlo, luego se vuelve a pesar estando sumergido, al mismo tiempo se recoge el líquido desalojado en otro recipiente, veremos que el peso del líquido desalojado es igual a la diferencia entre los dos pesajes y que es representado como fuerza de empuje. Lo dicho arriba es explicado por el Principio de Arquímedes, que en resumen se puede plantear como sigue: *"todo cuerpo sumergido (total o parcialmente) en un líquido recibe por parte de éste un empuje, de abajo hacia arriba, igual y opuesto al peso del líquido cuyo volumen ocupa el cuerpo".* Cabe indicar que el empuje pasa por su baricentro o centro de volumen (Gallego, 2011). El volumen de agua desalojada se denomina también "desplazamiento" (se mide en Toneladas métricas), por lo tanto, se puede afirmar que el empuje es igual al desplazamiento.

Cualquier cuerpo sumergido en el agua queda en una de las siguientes situaciones:

a) Si el peso es superior al del volumen del líquido desalojado: el objeto se hunde;

b) Si el peso es igual al empuje: permanece en reposo dentro de la masa de agua a cualquier profundidad (caso del submarino); y

c) Si el peso es menor que el empuje: asciende hasta alcanzar la superficie del líquido debido al empuje, continuaré subiendo hasta que el peso del volumen de agua desplazada, correspondiente a la parte que queda sumergida, sea igual al peso del cuerpo.

Figura 1.20. La diferencia de peso de un cuerpo en el aire respecto al que está en el agua es igual al peso del agua desalojado.

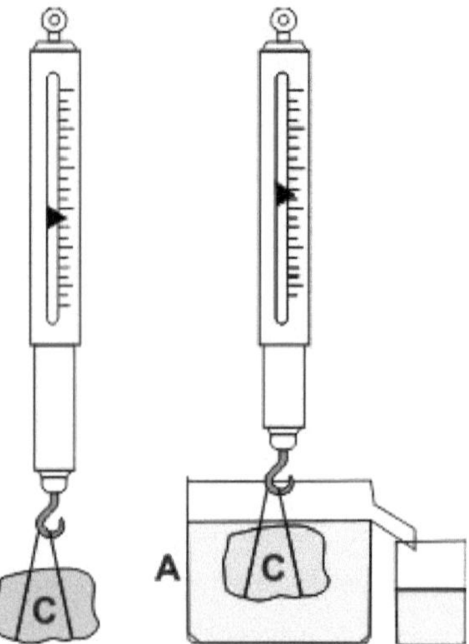

Estas situaciones responden a las dos condiciones básicas de equilibrio:

1. Todo cuerpo sumergido total o parcialmente en un fluido (sin contacto con otros cuerpos), permanece en equilibrio, si *"el peso del cuerpo y el empuje que recibe son fuerzas iguales y opuestas"*. Si estas fuerzas son las únicas que actúan sobre el cuerpo, entonces el peso = empuje o también peso = desplazamiento

2. La segunda condición del equilibrio es que *"estas fuerzas deben actuar en el mismo vertical para que se anulen"*. En otras palabras, el centro de gravedad G y el centro de carena C^2 del buque deben estar en el mismo vertical (Figura 1.21).

Figura 1.21. Equilibrio de un buque

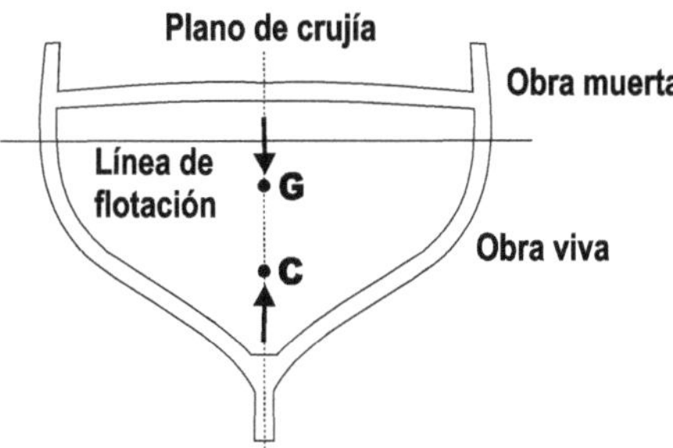

Se debe tener presente que en el peso del buque se incluye el peso del propio buque vacío, el de su combustible, del agua, de las provisiones, de la carga, etc. El primero es contante, los otros pesos varían de un buque a otro. Vectorialmente el peso se representa como una fuerza vertical hacia abajo, aplicada en el centro de gravedad (G). El empuje que recibe el buque se representa como una fuerza vertical hacia arriba, que pasa por el baricentro (centro de volumen) de la carena (C).

Figura 1.22. Incidencia de la variación de peso en la flotabilidad.

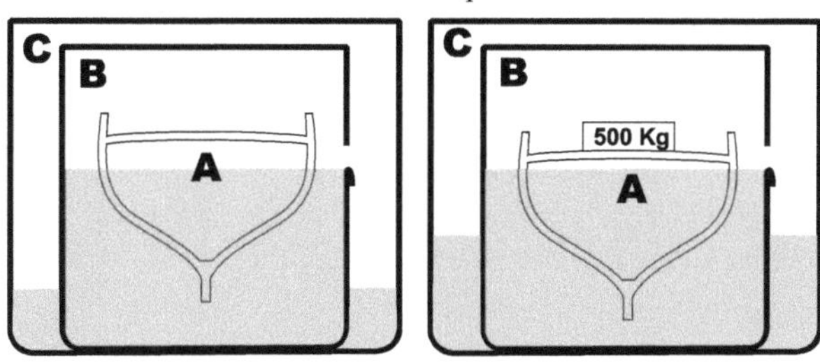

---

² **Centro de carena** es el centro de gravedad del volumen de agua desplazado por un cuerpo sumergido, también conocido como centro de empuje. En algunas bibliografías se representa con la letra B de Bouyancy en inglés.

1.4.1. Cuerpo flotando en equilibrio

En la figura 1.22, "A" representa un buque de 1.000 kg de peso que se encuentra en el recipiente "B" lleno de agua de mar hasta rebasar; al sumergirse parcialmente desplaza una cantidad de agua que se recoge en el recipiente "C". El peso del agua desplazada también es de 1.000 kg. Es decir, "A" desplaza una tonelada (cuyo volumen es 1.000 dm^3), que es también el volumen de la obra viva[3]. Si se carga un peso de 500 kg en A, saldrá de B nueva cantidad de agua, que se agregará con la que ya existía en C: El desplazamiento resultante será de 1500 kg y se observa que "A" está más sumergido por lo que su línea de flotación está más alta.

Si continuara colocando más peso llegará a un punto que apenas asomará sobre la superficie del agua y bastará añadir un nuevo peso para que deje de flotar. Lo contrario ocurre al retirar los pesos. Por esta razón las embarcaciones no se deben cargar demasiado a fin de que mantenga una reserva de flotabilidad además de la máxima carga que pueden contener y por los malos tiempos del clima que agita el mar durante la travesía.

1.4.2. Flotabilidad y densidad del líquido

Si ahora cambiamos el líquido del recipiente B por aceite (que es menos denso que el agua, es decir, es más liviano) el buque desplazará un mayor volumen de líquido (respecto al caso anterior) que se recogerá en C, además se hunde más lo que dará lugar a un mayor calado, a pesar que su peso o desplazamiento sigue siendo de 1 TM (Figura 1.23). Esto explica porque un buque que mantiene su desplazamiento al pasar del mar a un río aumenta de calado, sube su línea de flotación debido a que el agua dulce es menos densa, por lo que se precisa más volumen de obra viva para compensar esta diferencia. Lo inverso ocurre si el buque pasa de agua de río al de mar.

Estos cambios se toman en cuenta en las marcas de franco bordo: además de la línea de máxima carga permitida para navegar en el mar, se graba, en correspondencia, la de agua dulce. Prácticamente un buque al pasar del agua salada a agua dulce emerge unos 7 mm por cada pie de calado.

---

[3] Obra viva es la parte sumergida de un buque.

Figura 1.23. Variación de la flotabilidad con relación a la densidad del

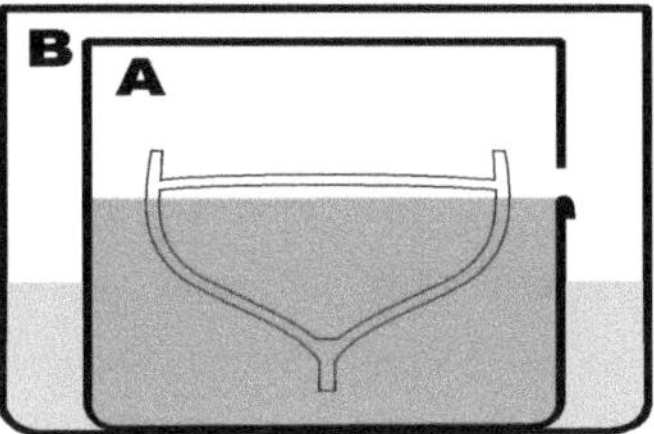

Figura 1.24. Equilibrio en los buques.

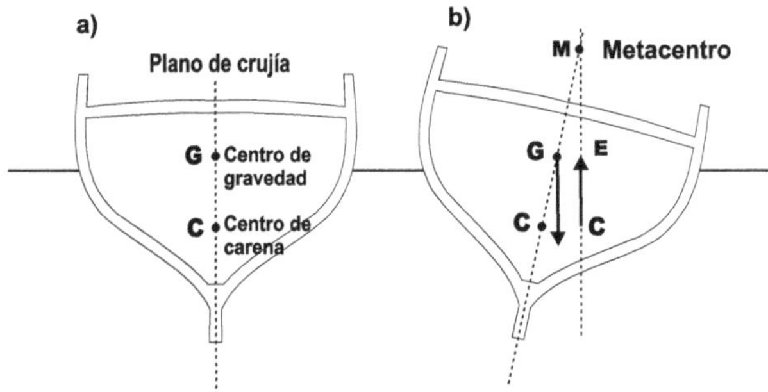

1.4.3. Principio de estabilidad

Un buque al tener un casco impermeable garantizará flotabilidad y estabilidad. La estructura del casco debe ser suficientemente sólida y robusta. El casco se construye con forma simétrica a ambos lados del plano vertical longitudinal (plano de crujía) y con forma adecuada para reducir el rozamiento con el agua facilitando su movilidad. La intersección del plano de crujía con cada cubierta se denomina línea de crujía (Sánchez, 2010; Teale, 2012).

El peso del buque pasa por el centro de gravedad con dirección vertical hacia abajo en el plano de crujía. Mientras que el empuje del agua pasa por el centro de la carena (centro geométrico del agua desplazada) y por ser simétrica, se encuentra también en el plano de crujía y actúa verticalmente hacia arriba. Es decir, el centro de carena y de gravedad se hallan en el mismo vertical en el plano de crujía cuando el buque está adrizado (posición

29

vertical). Esta posición de equilibrio cambia por movimientos transversales (rolido o balanceo en el sentido de la eslora), longitudinales (cabeceo o balanceo en el sentido de la manga) o combinación de ambos. En estos casos el centro de gravedad no varía, ni se altera el volumen de la carena pues la cantidad de agua desalojada es la misma si no se modifica el desplazamiento (peso) del buque, pero sí varia la forma de la parte sumergida, dejando de ser simétrica, alterándose la posición del centro de carena, actuando en otra vertical; al ocurrir esto se forma un par o cupla que tiende a enderezar al buque a la posición de equilibrio; esta capacidad de la nave se denomina estabilidad.

El punto de intersección del plano de crujía con la vertical que pasa por el centro de carena (C) del casco escorado se denomina metacentro (M). Cuando M está más alto que el centro de gravedad (G), el equilibrio es estable aun cuando G se halle por arriba de C. El equilibrio de un cuerpo puede ser de tres clases:

1. **Estable**: Es cuando se aleja ligeramente de su posición de equilibrio y tiende a volver a él;
2. **Inestable**: Es cuando se aparte ligeramente de su posición de equilibrio y tiende a seguir apartándose reforzando el desequilibrio;
3. **Indiferente**: Es cuando se aparta ligeramente de su posición de equilibrio y en esa nueva posición permanece en equilibrio.

Un buque es un cuerpo que responde a los principios descritos arriba. De la Figura 1.25, en la posición (a) el buque está en posición adrizado que es el ideal. En la posición (b) el buque sufre una pequeña escora, el peso A seguirá aplicado en G (este punto es inherente al buque porque no cambia la masa. El empuje A pasa ahora por el nuevo C. Por la primera condición de equilibrio el peso y empuje siguen siendo iguales, pero no están en la misma línea, pero forman una cupla que tiende a adrizar al buque por condición de equilibrio estable. De la figura 1.25, en la posición (c) el buque al escorar forma un pequeño ángulo, la cupla tiende a seguir escorándolo produciéndose un equilibrio inestable. En la posición (d) aunque el buque está escorado, el peso y el empuje están alineados, lo que hace que el buque en esa nueva posición se encuentre en equilibrio, es decir, es un equilibrio indiferente.

De la Figura 1.25 se pueden llegar a las siguientes conclusiones: En el caso (b) M está por encima de G; en el (c) M está por debajo de G; en el (d), M coincide con G, (donde la recta que une ambos puntos corta a la línea de construcción, determina el punto K).

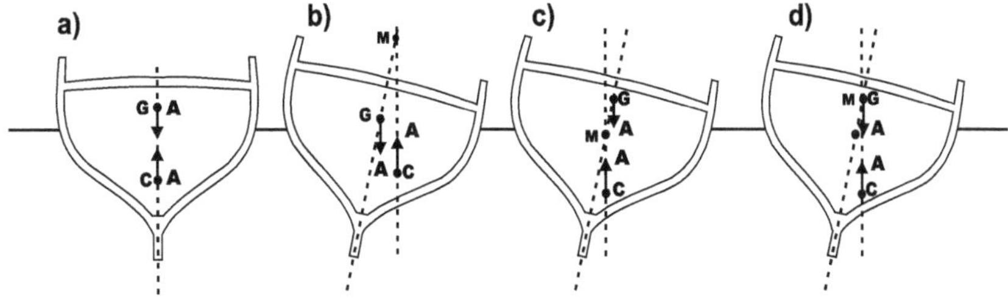

Figura 1.25. Distintos aspectos del equilibrio.

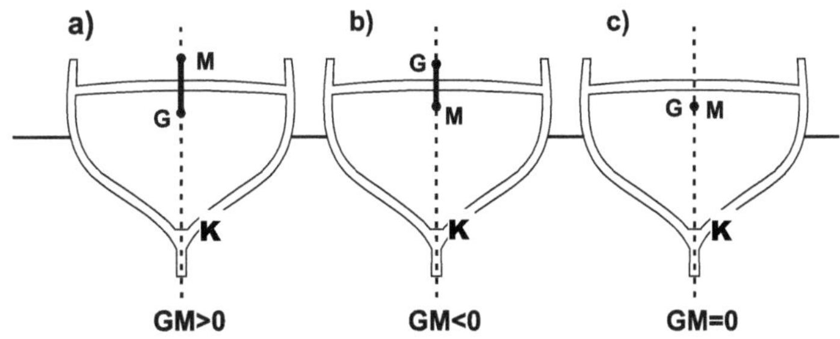

Figura 1.26. Equilibrio en los buques.

Las tres posibilidades de equilibrio que puede tener una embarcación se corresponden a las tres posiciones relativas de M con respecto a G, como sigue (Figura 1.26) (Oyvind, 2004):

1. El buque está en equilibrio estable si M está por encima de G, lo que matemáticamente equivale a que KM > KG o también GM = KM - KG > 0;
2. El buque está en equilibrio inestable si M está por debajo de G, es decir, KM < KG ó GM = KM - KG < 0; y
3. El buque está en equilibrio indiferente si M coincide con G, expresado matemáticamente se tiene que KM = KG o también GM = KM - KG = 0.

Es importante determinar la naturaleza del equilibrio de cada buque. Para lograrlo se requiere evaluar su capacidad de regresar a su posición normal (posición de adrizado) cuando es separado de ella por la acción de fuerzas interiores (carga, combustible, lastre, etc.)[4] y exteriores (viento, olas de mar). Otro aspecto a evaluar es el grado de reserva de flotabilidad que aún queda (El franco bordo, las marcas de las líneas de máxima carga, constituyen un factor de seguridad, indican un peligro de zozobrar si aquéllas son sobrepasadas).

Tomando en cuenta la Figura 1.26, el equilibrio del buque se puede establecer analizando la posición relativa de dos puntos independientes entre sí: M (metacentro transversal) y G (centro de gravedad). La posición del segmento GM, o altura metacéntrica, es determinante en la estabilidad del buque adrizado o estabilidad transversal inicial. Es efecto, el buque adrizado está en equilibrio estable, inestable o indiferente, según $GM = KM - KG$ sea positiva, negativa o nula.

M sólo depende de la carena. G depende de la distribución de pesos a bordo, la forma de la carena no influye en nada en este. Veamos un ejemplo; si se mueven verticalmente los pesos que se encuentran a bordo, pero sin agregar ni quitar ninguno peso, el desplazamiento, y por consiguiente la carena, no variará, por lo que el metacentro permanecerá invariable. En cambio, el centro de gravedad variará por haber cambiado la posición de los pesos parciales del buque. Entonces, la altura metacéntrica habrá variado. Ahora, si al buque se agregan o quitan pesos y estos se distribuyen de tal forma que el centro de gravedad no se altera, pero si varía su desplazamiento, la carena y la posición del metacentro, entonces cambiará la altura del metacentro. En grandes ángulos de escora, como el punto M deja de ser fijo, el segmento GM pierde validez y debe estudiarse la estabilidad con métodos de alta complejidad.

---

[4] Una distribución apropiada de la carga, incluyendo el combustible y lastre, contribuye con la estabilidad y la resistencia de las estructuras. Si se colocan las cargas más pesadas abajo y las más livianas arriba, el buque tendrá una gran estabilidad; si se colocan al revés, el periodo de oscilación del buque será muy largo. Los balanceos serán grandes si los pesos se colocan en la zona de crujía y serán suaves si se colocan en las bandas. Si se carga con exceso en el centro puede arrufarse al apoyar su casco en dos olas; si hay demasiada carga en los extremos puede quebrantarse al montar una ola, en ambos casos sufren las estructuras y se pueden romper los remaches, soldaduras, rajar las planchas, etc. Tanto la poca estabilidad como el exceso de ella son inconvenientes.

Además de la estabilidad transversal está la longitudinal, que por lo general el punto ML (metacentro longitudinal) siempre está muy arriba de G, por esa razón la altura metacéntrica longitudinal es siempre positiva, es decir, nunca el equilibrio longitudinal será inestable.

1.4.4. Otros factores que afectan la estabilidad de un buque

Es conveniente que la carga se estibe (acomode) de tal manera que forme un conjunto compacto en la bodega, de esta forma se evita el corrimiento de estas. Cuando es inevitable los espacios libres o que la carga sea a granel o líquida (y el compartimiento no está lleno), se deben tomar medidas como instalar tabiques, mamparos, cuñas, puntales, trincas, amarras, etc., porque el desplazamiento de la carga puede causar daños tanto al buque como a la carga misma. Si el depósito del líquido no está lleno, este se mueve con los rolidos; en pequeños ángulos de escora, se produce una elevación del centro de gravedad, disminuyendo la altura metacéntrica. Esta elevación sólo depende de la superficie libre del líquido en el tanque, de su peso específico y del desplazamiento del buque; no depende del volumen de líquido.

Cuando la carga son pesos suspendidos (como las carnes colgadas), estos se mueven de manera pendular alrededor del punto de suspensión y al cual se le considera como su centro de gravedad (aunque no es su posición real). Su efecto es similar al de la superficie libre. Si después de cargar el buque termina con pequeñas inclinaciones en dirección proa-popa (asientos) o transversales (escoras), se puede trasvasar el combustible y el agua o llenar o vaciar compartimientos del doble fondo a fin de que el buque recupere la posición de adrizamiento.

Durante la navegación, un buque aproado (es decir, tiene mayor calado o asentamiento a proa que a popa) tiene más tendencia a orzar (o ir hacia el viento); un buque apopado (es decir, tienen mayor calado a popa que a proa) tiende a arribar (o alejar la proa del viento). Un buque escorado a una u otra banda lateral, al perder la simetría de la obra viva o carena y tener más sumergida una banda que la otra, tiende a girar hacia la banda contraria a la escora.

1.4.5. Esfuerzos del buque

El buque casi siempre está sometido a esfuerzos causados por acciones tanto externas o internas, por lo que debe soportarlos con cierto margen de seguridad. Esos esfuerzos pueden reunirse en dos grandes grupos: estructurales (esfuerzos del buque como estructura Integral) y locales (esfuerzos sobre partes determinadas del buque). Desde el punto de vista estructural, al buque en su conjunto (forro del casco, cubiertas, refuerzos longitudinales, cuadernas, baos, etc.) se comporta como una viga flotante[5] cuyos elementos se extienden de manera continua.

1.4.6. Esfuerzos longitudinales. Un buque con sus bodegas llenas flotando en aguas tranquilas, se puede dividir en porciones de proa a popa, como se muestra en la Figura 1.27. Analizando un trozo, las fuerzas actuantes sobre el buque serán:

   a) El peso propio (peso del casco, superestructuras, máquinas, etc.);

   b) El peso de la carga, combustible y aguas contenidas en este trozo, y

   c) El empuje, por el principio de Arquímedes, que es igual al peso del agua desalojada por la carena de dicho trozo.

Como este trozo no se halla en equilibrio (no flota libremente pues forma parte del total del buque) la suma de los pesos a) y b) no necesariamente es igual al empuje. Por lo que la resultante que actúa sobre el trozo en análisis puede ser hacia arriba o hacia abajo. Esta resultante es parcial respecto a todo el buque.

En la zona central del buque, que tiene la superestructura en posición central, los empujes que actúan sobre cada trozo son grandes debido a la forma llena de la carena en esa zona, en tanto que los pesos (principalmente alojamientos y máquinas) son relativamente livianos en relación al volumen que ocupan dentro del casco. En este caso, en la zona central las resultantes parciales estarán dirigidas hacia arriba, mientras que en proa y popa hacia abajo (por las formas más afinada de la carena), los empujes son menores, en tanto que los pesos (principalmente por las cargas en bodega) son considerables en relación al volumen ocupado, por ello las resultantes parciales estarán dirigidas hacia abajo.

La viga buque, considerada aisladamente, estará sometida a fuerzas, como se presenta en la Figura 1.27b, que causan tensiones internas.

---

[5] A diferencia de una viga de construcción terrestre que se apoya en dos o más puntos, el flote en el agua su apoyo es en toda su extensión.

Figura 1. 27. Esfuerzos que sufren los barcos

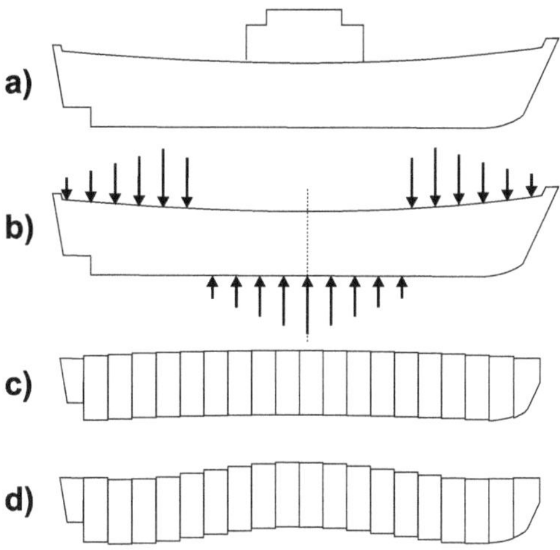

En los casos considerados existen momentos flexores y esfuerzos de corte a lo largo de la viga que tratarán de deformarla como se observa en los casos c) y d) respectivamente. El momento flexor alcanzará su máximo valor en el centro, en tanto el esfuerzo de corte, nulo en el centro, será máximo en puntos ubicados a distancias determinadas de la eslora. Por ello, las estructuras longitudinales continuas mencionadas y que forman la viga buque deben ser calculadas para poder resistir las tensiones de flexión y corte.

Estos esfuerzos estructurales longitudinales en el mar son singulares ya que cuando el buque navega, la superficie del mar no es horizontal, como en aguas tranquilas, pues son alteradas por las olas. Para los estudios teóricos suele suponerse que el perfil longitudinal de una ola, a la que se llama ola estándar, es una trocoidal, cuya longitud es igual a la eslora del buque (por ser la longitud más desfavorable desde el punto de vista de los esfuerzos en el buque) y su altura es de 1/20 de esa longitud. Si la superficie del mar estuviera compuesta por una serie de olas estándar y el buque ataca las olas perpendicularmente a la línea de sus crestas, al navegar podrá encontrarse en infinitas posiciones con respecto a tales olas. De esas posiciones, las que interesan, por ser las más desfavorables, son las que se producen cuando el buque se encuentra con su sección media sobre la cresta, es decir, en el seno de una ola.

Como ya se consideró arriba, estas posiciones se denominan quebranto y arrufo respectivamente.

Figura 1.28. Flotación cuando el arrufo es en el centro

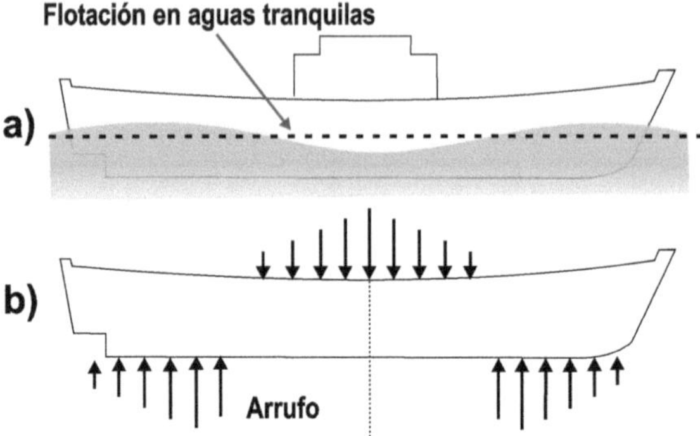

En el caso del quebranto, el buque se encuentra con su sección media sobre la cresta de una ola, como se aprecia en la figura siguiente. Como la altura de la ola en el centro es mayor que en los extremos, los esfuerzos aumentarán en los trozos de la parte central y disminuirán en los de los extremos. La viga-buque tenderá a flexionarse en el centro, produciéndose tensiones de tracción en la cubierta superior y de compresión en el fondo.

Ocurre el arrufo cuando el buque se encuentra en su sección media en el seno de la ola (ver Fig. 1.28). Como la altura de la ola en los extremos es mayor que en el centro, los esfuerzos aumentan en los extremos y disminuyen en el centro. La viga-buque tiende a flexionar en el centro, produciendo tensiones de comprensión en la cubierta superior y tensión en el fondo.

En resumen, cuando los pesos mayores están concentrados en el centro su condición más desfavorable es el arrufo y aquellos en que es a la inversa (pesos mayores en los extremos) la condición más desfavorable es el quebranto.

1.4.7. Esfuerzos transversales. Los principales esfuerzos estructurales transversales, se deben a dos razones:

La presión del agua que actúa sobre la obra viva. El fondo y los costados tienden a ser hundidos (como indica la línea punteada en la figura 1.29) por lo que deben ser calculados (cuadernas, longitudinales de fondo, etc.) para resistir dicha presión. Esta presión es moderada en los buques comparados con el que recibe los submarinos.

La deformación transversal por esfuerzo de inercia. Al rolar el buque hacia una banda, la parte superior de la obra muerta y la superestructura pierden su adrizamiento por la fuerza de inercia debida a la aceleración tangencial del movimiento oscilatorio de rolido; las cuadernas y baos tienden a deformarse (como indica la línea punteada en la figura 1.29); Estos esfuerzos deben ser absorbidos por aquellos elementos estructurales y sus conexiones.

Figura 1.29. Esfuerzos transversales.

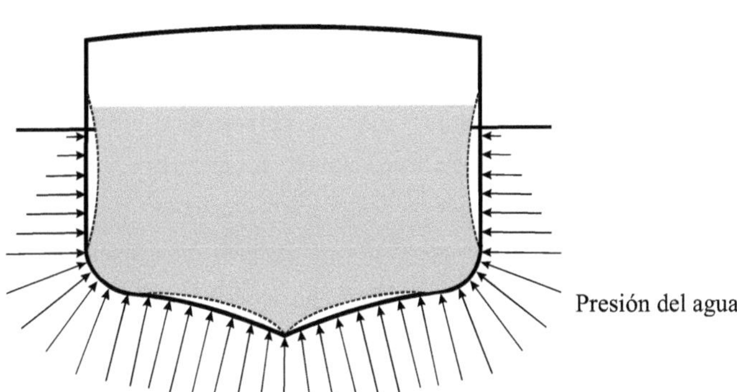

1.4.8. Deformación transversal por inercia: Esfuerzos locales son aquéllos que afectan zonas limitadas del buque. Son muchos y variados en carácter e importancia, los más frecuentes son:

Cargas internas concentradas: son los grandes pesos como máquinas, superestructuras, cargas, etc. Estos pesos deben lo resisten superficies relativamente pequeñas del fondo o cubiertas. Originan tensiones considerables en esos lugares por lo que deben ser reforzadas.

Cargas externas concentradas: son las producidas por la presión de los picaderos y puntales con el buque varado; presión concentrada en una zona del fondo por varadura, explosiones o impactos.

Impactos contra el agua: durante la navegación, la proa adquiere un movimiento de ascenso y descenso, por efecto del cabeceo que provoca golpes violentos contra ella, causando esfuerzos severos que la estructura de la proa debe resistirlos, por la cual siempre es considerablemente reforzada.

Esfuerzos dinámicos locales: todos los pesos del buque adquieren cierta aceleración, debido a los movimientos en el mar y, en consecuencia, son llamados por fuerzas de inercia. Por ejemplo, durante el rolido la máquina tiende a "ser arrancada" de sus fundaciones, los palos tienden a ser flexionados, etc. Estos esfuerzos son importantes y ello explica la robustez de las estructuras del buque comparado con las construcciones terrestres.

Esfuerzos locales originados por esfuerzos estructurales: por las flexiones que sufre la viga-buque en condición de quebranto o arrufo se comprimen las chapas del fondo o de la cubierta superior, ocurriendo lo contrario con las opuestas. Como un caso ejemplo, una chapa de la cubierta superior apoyada entre dos baos sucesivos se encontrará comprimida durante el arrufo y, si se la considera como estructura aislada, podrá pandearse. Siendo susceptibles al pandeo, las chapas tienen espesores y refuerzos adecuados para evitar dicha posibilidad (Asea, 2011; Barbudo, 1993; Mandelli, 2006; Moreno, 200).

Figura 1.30. Deformación transversal por inercia.

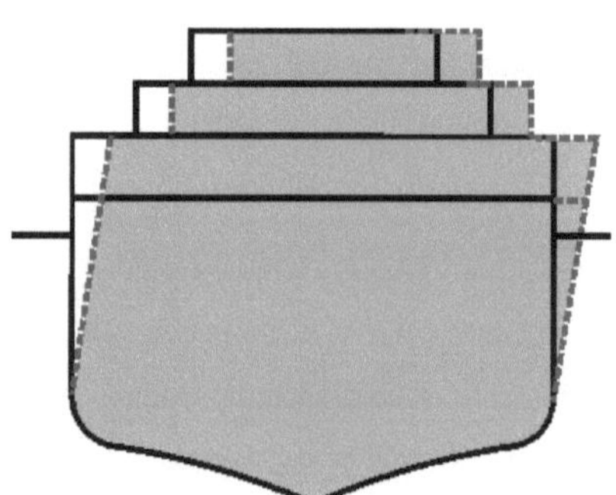

CAPITULO II

CARACTERÍSTICAS GENERALES DE LAS EMBARCACIONES PESQUERAS

Las embarcaciones pesqueras, al igual que cualquier otra embarcación, tiene características que son propios de estos tipos de naves. Tales características dependerán del tipo de pesca que realice, puesto que utilizan diferentes sistemas y aparejos de pesca, las mismas que requieren de equipos diferentes que responden a las funciones que realiza, la forma que transporta el producto de la pesca, las aguas que navegará y faenará, etc.

Las embarcaciones pesqueras se clasifican básicamente por el tipo de pesca que realiza, aunque puede haber sub-clasificaciones como, por ejemplo, en los barcos arrastreros pueden ser clásico o rampero pero a su vez estos pueden transportar la pesca en estado fresco o congelado y este último puede ser un barco factoría o no. A continuación, se considerará los tipos de barcos más usados para la pesca en el Perú.

2.1. Barcos de cerco

Este tipo de barco, llamado también bolichera, está diseñado para emplear redes de cerco, destinado a la pesca de peces pelágicos. Se reconocen por tener el área de trabajo y puente al centro o ligeramente hacia proa. La red de cerco o boliche se ubica en la cubierta de popa. Tiene unas potentes lámparas en el puente que utilizan para hacer atraer y subir el pez a la superficie concentrándolo, facilitando así su rodeo con la red. Tiene un mástil que soporta al macaco, la que se encarga de recoger la red a bordo. También tiene un bote auxiliar que actúa de apoyo. Es similar al bonitero. Este tipo de pesca consiste en cercar el cardumen, para ello el barco extiende la red y hace una maniobra que permite cercar el cardumen, se recoge la relinga cerrando por la parte inferior la red formando así una bolsa. Un mástil o actualmente una grúa hidráulica soporta el macaco que es con que se recoge la red.

Este arte de pesca es selectivo, ya que primero se localiza el cardumen de peces, momento en el cual el buque realiza una maniobra cercando al banco, de manera que este quede dentro del arte.

La red de cerco se compone de dos relingas, una de flotadores (superior) y otra de plomos (inferior), por la que además pasa un cabo normalmente metálico, llamado jareta. La jareta realiza la función fundamental de cerrar el arte por su parte inferior, impidiendo que los peces escapen por abajo.

Figura 2.1. Proceso de pesca con una red de cerco.

La longitud y altura de calado, así como la luz de la malla, dependerá de la especie a capturar y del tamaño de la embarcación. También si la pesca es cerca de la costa se denomina artesanal y suelen ser equipos y aparejos de menor dimensión. Si la pesca se realiza mar adentro se emplean barcos grandes se llama de altura o industrial, se caracteriza porque usa aparejos grandes requiriendo equipos grandes y potentes.

La maniobra en ambos casos es similar, aunque con diferentes particularidades. En la primera, la detección de los cardúmenes suele ser a través de la sonda, y en el segundo caso, la detección del banco, también se puede realizar por sistemas asociados (presencia de delfines, pájaros, ballenas, etc.), por helicópteros.

En el cerco artesanal la lancha auxiliar no cuenta con motor mientras que en la pesca industrial se ayudan de una panga (embarcación con motor). En ambos casos, para iniciar la cala, se suelta la embarcación auxiliar por la popa arrastrando un extremo de la red, mientras el barco cerquero que tiene el otro extremo avanza para cercar el cardumen haciendo un círculo rodeándolo hasta llegar donde dejó la lancha auxiliar. Una vez cerrado el cerco la panga devuelve su extremo al buque cerquero. Inmediatamente comienzan a recoger la jareta, es decir, el cabo que pasa por unas anillas en la parte inferior del bolcihe, con el fin de cerrar la red formando una bolsa e impidiendo que se escape el cardumen. Este cabo se jala por medio de una maquinilla hidráulica o winche.

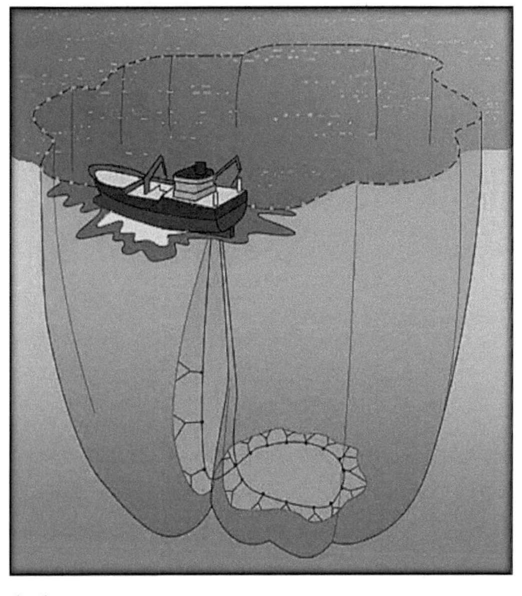

Figura 2.2. Un buque cerquero calando la red.

Fuente. Tomado de http://www.a4maza-online.com/ tienda-a/000003/ficha/RED-DE-CERCO-SIN-NUDO.html

Los equipos de cubierta para la pesca de cerco son:

2.1.1. Winche: Son maquinillas indispensables en la pesca de cerco. Se emplean en aquellas fases de la faena de pesca donde se requiere fuerza como en el halado de la jareta, la chalana, entre otros. Existen diversos modelos con detalles variados pero que todos tienen básicamente dos rodillos, uno de cada lado accionado por un sistema de motor hidráulico. Tiene en la parte superior o en un lado estructuras horizontales y/o verticales semejantes a bitas usadas para amarrar cabos. Las dimensiones y usos dependen del tamaño del aparejo y de la embarcación. Los modelos más grandes tienen tres tambores en cascada (el primero de la figura 2.3), pudiendo halar simultáneamente la jareta de proa y la de popa; también incluyen frenos y embragues a fin de dar más control y seguridad en la operación. Algunos incluyen freno neumático (Marco S.A., 2010).

En barcos cerqueros grandes también pueden incluir winches auxiliares como el de amantillo para manipular la pluma, el de cubierta destinada a múltiples acciones como cargar bolsas, chinguillos etc., de anclas para levantar el ancla, entre otras maquinillas.

Figura 2.3. Modelos de winches usados en la pesca de cerco.

Fuente. Tomado de http://www.marcoglobal.com/popup/powerblock_tuna_3.html, http://www.powermatic.com.pe/winches.php y http://4.bp.blogspot.com/_poQEirQoKUU/SMHUjKgwbXI/AAAAAAAAAek/7za5RPmdE8/s1600/Winche.jpg

2.1.2. Power block. Más conocido como macaco. Es un equipo importante en la pesca de cerco. Se encarga de subir la red a cubierta de la embarcación. Este equipo se coloca en la pluma o grúa (dependiendo del tamaño del buque). Es accionado mediante un sistema hidráulico pues tiene su propio motor que lo hace girar, y puede jalar 30 metros por minuto a la red y también puede mantener en el aire del 20 al 50% del peso de la red.

Figura 2.4. Powerblock típico.

Fuente. Tomado de http://www.marcoglobal.com/popup/powerblock_tuna_2.html

42

Este equipo ha sufrido grandes cambias en su diseño y tamaño desde que se comenzó a usar en la primera mitad del siglo XX. Los primeros tenían el inconveniente de que en mal tiempo la red patinaba en el interior del halador, dificultando la faena, y esto se debía a que no había suficiente rozamiento en la zona tractora. Al otorgarle más agarre de la red y manteniendo el perfil de "V" propio de este equipo obligó a que las plumas fueran más fuertes para soportar las cargas, aunque actualmente se usan grúas en reemplazo del mástil.

2.1.3. Grúa. En barcos grandes se usan las grúas en lugar de los mástiles porque le otorga más robustez y maniobrabilidad a la operación de pesca. Estas grúas suelen tener un grupo electrohidráulico interno o pueden ser accionadas con un grupo hidráulico externo. La pluma de la grúa puede ser fija, articulada o telescópica.

La maniobrabilidad le otorga movimiento en ambas direcciones y puede dar giros de hasta 360°. Los equipos completos incluyen ganchos, cables y poleas para actividades secundarias durante la faena de pesca.

Figura 2.5. Grúa.

Fuente. Tomado de http://www.marcoglobal.com/popup/powerblock_tuna_2.html

2.1.4. Bomba de absorción de pescado. Son equipos usados para absorber el pescado que se encuentra encerrada en la red y llevarlo al barco para depositarlo en la bodega. Es una manera rápida de subir el pescado a bordo, sobre todo cuando se tiene una cala con un gran volumen de peces.

Figura 2.6. Bomba de absorción.

Fuente. Tomado de http://www.marcoglobal.com/capsulpumps.html

La manguera se introduce en la bolsa formada con la red, en el agua cuando ya están concentrados los peces. La bomba se encarga de absorber tanto los peces junto con el agua de mar. Están diseñados de tal forma que al pasar por las mangueras y la misma bomba no se daña los peces, llegando a la bodega en muy buenas condiciones.

2.1.5. Disposición de los equipos en las embarcaciones de cerco.
El diseño de las embarcaciones de cerco o bolicheras y la disposición de los equipos de cubierta están hechos de tal forma que facilite la faena de pesca tanto en la maniobra dentro del barco.

La superestructura se encuentra en la zona de proa. La red de cerco se encuentra en la zona de popa, encima de esta suele estar la chalana o panga. Cerca de la superestructura se encuentra el mástil que ayuda a sostenerse la pluma, el cual sostiene el macaco o powerblock, muy cerca del mástil se encuentra el winche y a babor en dirección perpendicular al winche se encuentra el carrete. En estribor, se ubica el pescante, popularmente llamado "burro" o "burra", está alineado para que trabaje junto con el winche y el carrete, porque es por éste que pasa la jareta que se recoge de la chalana que ha ayudado a formar el cerco.

Los **Barcos Atuneros,** son barcos de cerco pero que se ha especializado en pesca de túnidos y por tal razón tiene algunos equipos propios para esta pesca. Suelen tener más de 100 metros de eslora. Como su nombre indica su actividad es la pesca del atún en la zona tropical de todos los océanos del mundo, mediante redes de cerco.

El sistema de pesca consiste en, una vez descubierto el cardume, rodearlo con grandes redes tiradas por una panga (barcaza pesada y potentísima). Pueden congelar y almacenar hasta 200 tns./día, además, tienen un periodo corto de descanso, se abastecen de lo que necesita de buques nodriza que a su vez recogen el atún para llevarlo a la factoría.

Figura 2.7. Distribución de los principales equipos en un barco de cerco.

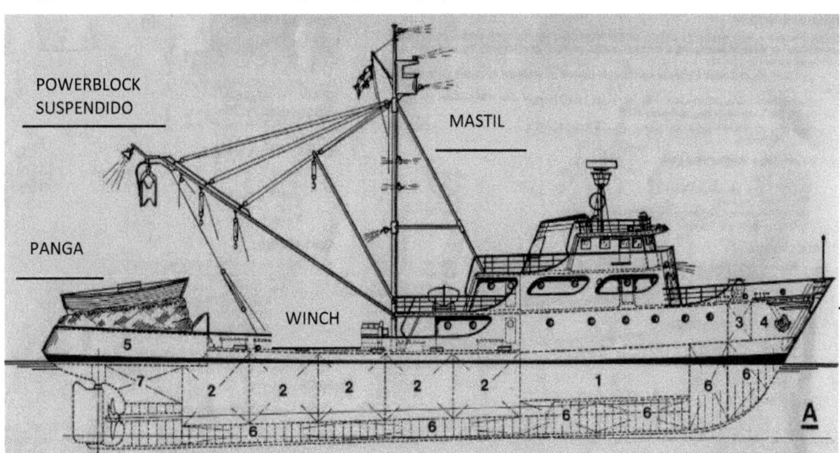

La popa tiene forma de rampa para facilitar la subida de la panga. La cubierta inmediata a la rampa es donde se estiba la red mientras no está pescando. Un gran palo central con una cofa desde donde se vigila la presencia del atún y un puntal adosado a él, que soporta la pasteca hidráulica o macaco cuya función es arrastrar la red a la cubierta.

Existen aquellos que tienen en la cubierta (encima del puente) una plataforma para aterrizaje de un helicóptero. Este permite hallar cardúmenes en un mayor radio de acción, aunque hoy en día se emplean técnicas más eficientes y menos costosas.

El 60% de las capturas de atún de aleta amarilla (yelow-fin) pescado en el pacífico oriental son de cardumen asociado con delfines, debido probablemente a que se alimentan de estos peces. Para su pesca se incluye unas lanchas rápidas a fin de dirigir a los delfines y atunes (como un perro pastor dirige al rebaño) al centro de la red, así como hacer salir a los delfines atrapados.

2.2. Barcos arrastreros

Este tipo de barcos se caracterizan porque la pesca que realiza es mediante el arrastre de una gran red. Estos tipos de barcos junto con los cerqueros son los que predominan en el mundo. Existen barcos arrastreros que tiran de dos y hasta tres redes de arrastre lo que supone disponer de una potencia enorme.

Figura 2.8. Barcos de arrastre. Tomado de https://www.knudehansen.com/reference/fishing-vessel-factory-trawler/

El arrastre es un sistema que permite las capturas a cualquiera de las profundidades hoy en día accesibles: desde la pesca pelágica, hasta la de fondo. A medida que la tecnología permite aumentar la profundidad de la pesca, el empleo de este sistema va en aumento. También facilita la pesca aún en diferentes estados del mar, lo que no se consigue con otros métodos. Otro aspecto favorable es que se presta a altos grados de mecanización, reduciendo así el uso de mano de obra. Por otro lado, esta red no es selectiva en su captura, desechando muertas especies no deseadas y también destruye el medio ambiente que lo rodea especialmente cuando se desplaza por el fondo marino afectando gravemente la flora y fauna demersal, aunque ha habido avances en el diseño de redes de arrastre para minimizar los daños.

Existen diferentes tipos de buques de arrastre, dependiendo a la forma en que se arrastra el arte, por popa, tangoneros, por el costado, etc.; o por la forma en que almacena el pescado, en estado fresco, refrigerado y congelado. Sin embargo, su clasificación no resulta fácil porque hay barcos que combinan las características mencionadas.

2.2.1. Barcos arrastreros por el costado. Son los barcos arrastreros tradicionales, que suelen emplearse en barcos menores de 30 metros, por lo que sigue siendo muy popular en muchos lugares del mundo. El arrastre de la red se puede hacer por lado o por los dos lados, de esta forma se evita que los cables del arte se enreden con la hélice. La desventaja es que al momento de recoger la red sacándolo del agua para subirlo a cubierta, la embarcación pierde de manera peligrosa su estabilidad. Igualmente, durante el arrastre se tiene menos maniobrabilidad con respecto a los que arrastra por popa. En este tipo de barcos los cables pasan por motones y pescantes.

Figura 2.9. Arrastre por el costado. Tomado de http://www.fao.org/docrep/003/v4250s/V4250S08.htm

2.2.2. Barcos arrastreros por popa. Conocido también como "rampero". Se llama así porque la pesca se realiza por popa mediante una rampa que facilita el recojo e izado de la red a cubierta. El puente se ubica en proa a fin de disponer de un área amplia en cubierta para ubicar las maquinillas, pescantes, plumas y otros equipos necesarios para este tipo de pesca. Igualmente, facilita la manipulación de la red para su rápido lance. Con el avance de la tecnología, muchos de estos tipos de barcos tienen instalado sistemas de congelación y refrigeración, especialmente en aquellos con esloras mayores a 40 metros. Estos suelen tener más seguridad para los pescadores que en los otros tipos de barcos arrastreros.

2.2.3. Barcos arrastreros tangoneros. Llamados también camaroneros puesto que es la especie que más se captura con este tipo de barcos. Se caracterizan porque utilizan unos tangones para arrastrar una red por cada tangón. Tiene el inconveniente de perder estabilidad debido a la excesiva fuerza que soporta los extremos de los tangones cuando la red se engancha en el fondo, para estos casos se dispone de unos pescantes por donde se pasa el cable que es liberado del tangón.

Suelen ser de poca eslora, y por las características de estos aparejos, por lo general no suelen pescar a profundidades mayores a las 100 brazas.

Figura 2.11. Arrastre por popa. Tomado de
hhttp://commons.wikimedia.org/wiki/File:Pino_Ladra_29.jpg

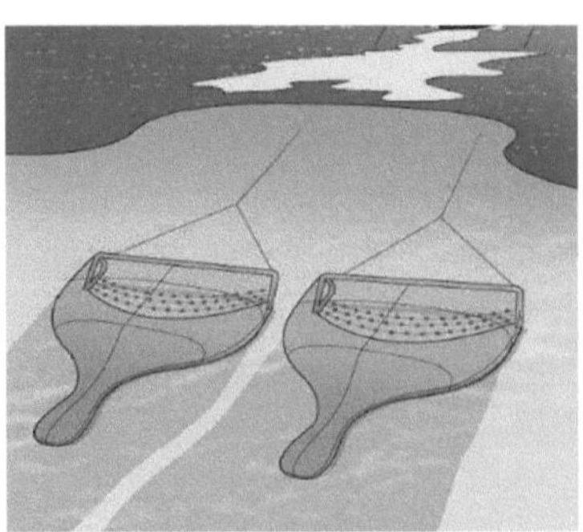

El equipo de cubierta más importante en las embarcaciones de arrastre es el **Malacate**: O winche de arrastre, es el equipo destinado a levantar o arrastrar la red. Puede estar compuesta de dos o tres tambores, los que son empleados para el enrollado o largado de los cables unidos a la red de arrastre. Sus características son muy variadas, el cual depende de la capacidad del buque y la zona de pesca. El malacate es accionado por un motor con sistema hidráulico; su potencia está en relación a la capacidad de pesca de la red.

Figura 2.12. Malacate usado en barcos de arrastre por popa. Tomado de
hhttp://commons.wikimedia.org/wiki/File:Pino_Ladra_29.jpg

En cubierta existe un puente que puede estar a cierta distancia de popa en pegado a esta, su función es ayudar a izar el copo de la red que contiene la pesca facilitando su maniobra para ello utilizan motones y otros aparejos. Justo debajo de donde se cuelga el copo hay una abertura en cubierta que permite colocar el pescado en el depósito para su procesamiento. En popa se ubican sujetas las dos puertas (que puede ser de madera o de metal) que facilitan la abertura de la boca de la red durante el calado mediante unos cables que permite modificar el ángulo que forma estas puertas.

2.2.4. Barcos factoría. Generalmente son de dimensiones mayores a los 50 metros de eslora, pues deben disponer de una gran capacidad de almacenamiento. Por lo general tienen autonomía de operación de varias semanas a varios meses. la pesca que realizan son inmediatamente procesadas, asegurando la buena calidad del producto. Estos barcos, además de las instalaciones de pesca que posee tienen, por lo general bajo cubierta, hacia proa, instalaciones para todo el proceso de fileteado, eviscerado, congelado, producción de surimi, producción de harina, empacado, etc.

2.3. Barcos palangreros

Son barcos especializados en la pesca mediante el palangre. Este arte de pesca consiste en una línea principal o cabo madre (generalmente de polietileno) colocada horizontalmente en el mar y de esta se colocan anzuelos anudados mediante hilos de pescar llamados reinales, que tienden a estar en posición vertical y están separadas una de otras a una distancia que evite el enredo entre estas. Este aparejo puede colocarse cerca del fondo marino, en la superficie o a media agua. Este es el método de pesca más selectivo y menos dañino al medio ambiente a pesar de que pueden llegar a tener hasta 600 metros a 100 kilómetros de largo.

Figura 2.14. Arte de palangre o espinel de fondo. Tomado de http://bibliotecadigital.ilce.edu.mx/sites/ciencia/volumen2/ciencia3/081/htm/sec_8.htm

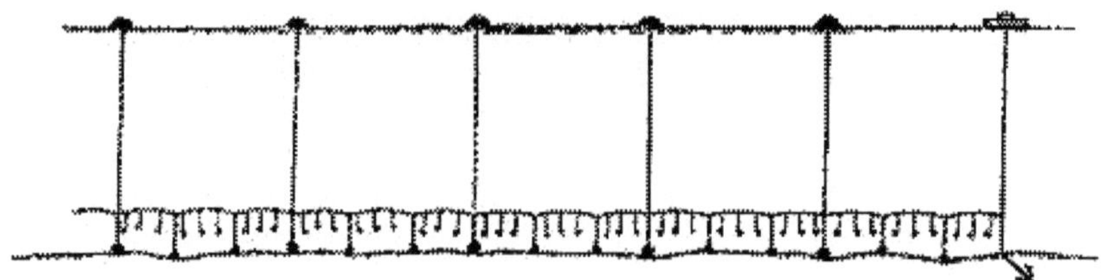

En cada extremo del palangre se une mediante un cabo de flotación a las boyas que se mantienen en la superficie y que ayuda a detectar su ubicación. Por esa razón estas boyas están dotadas radio o bien son boyas de reflexión.

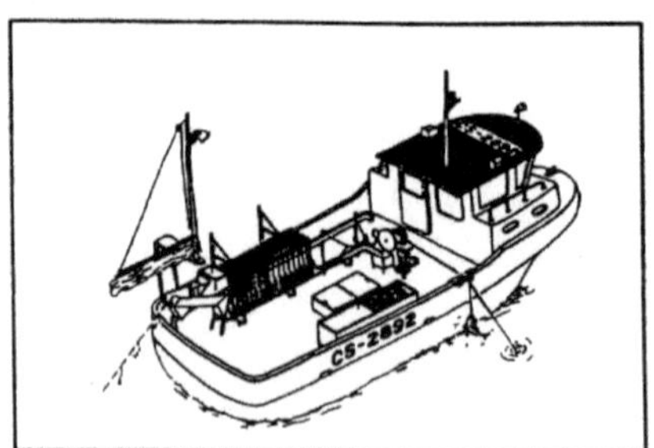

Figura 2.15. Palangrero. Tomado de
http://www.fao.org/docrep/003/v4250s/V4250S08.htm

Los barcos palangreros tienen una abertura lateral que rompe la línea de la amurada y es por donde el palangre es halado (recogido). El palangre es lanzado por una abertura en popa mediante una deslizadera. Además, puesto que es muy versátil y que la pesca de especies no controladas a fomentado su uso en barcos pesqueros de otro tipo de pesca. Como la tecnología no se ha detenido, cada vez suelen tener sistemas de congelado como túnel de congelado, cámaras, bodegas, etc.

Figura 2.16. Maquinilla de palangre. Tomado de hhttp://www.seimi.com/pages/popup_print_product.php?id_ref=112176

La tendencia actual ha hecho que la proa sea generalmente de lanzada con bulbo y una popa tipo estampa. Suelen tener dos cubiertas y una superestructura situada en el centro o a popa. Disponen de amplias áreas para la maniobra de encebado, adujado de las reinales y procesamiento, puesto que estas actividades demanda de mucha mano de obra.

Maquinilla de palangre. Existen varios modelos. Algunos pequeños arrastreros que temporalmente faenan con palangres aprovechan la misma maquinilla de arrastre virando de los muñones o directamente con los carreteles al mismo tiempo que estiban la madre.

Los grandes palangreros requieren de maquinillas especiales que además de potencia suficiente tengan capacidad para girar con rapidez, alrededor de 200 metros por minutos y simplifiquen la maniobra.

El tipo de maquinilla más común tiene tres partes. La parte inferior tiene un motor y engranajes, cambios de velocidad para ajustar la tensión del aparejo ocasionada por la resistencia del agua o de la captura. La parte superior sostiene tres poleas destinadas a izar automáticamente el palangre, estas poleas son de alma metálica revestida de goma para no perjudicar el aparejo.

El cabo madre se guarne a la maquinilla pasándolo por un galápago en el costado del buque. Su ubicación en la cubierta varía de acuerdo a la disposición de cada palangrero.

2.4. Embarcaciones pesqueras artesanales

Son barcos que faenan en las proximidades de la costa. Pescan al fresco mediante redes, palangre nasas, arpón y otros medios. Son habituales en todos los puertos y de aspecto, tamaño y características muy diferentes de unos a otros.

Figura 2.17. Barcos artesanales en el muelle del Callao. Tomado por el propio autor.

Su capacidad y autonomía es reducido, suelen oscilas desde menos de una tonelada hasta 30 toneladas, y con una autonomía de un día. Su pesca está destinada al consumo humano directo.

Suelen construirse de madero o de fierro. Por su amplia variedad de pesca los modelos son diversos. Los que predominan en el Perú son los bolichitos o de cerco, los espineleros, de cortina, de arpón, etc. En número, el bolichito es el más difundido en nuestro medio.

CAPITULO III

BASE TEÓRICA PARA EL DISEÑO DE EMBARCACIONES PESQUERAS

El diseño de embarcaciones es una ciencia compleja pues en la navegación y actividad pesquera intervienen muchos factores que en su mayoría son poco predecibles o medibles con precisión. En el presente trabajo no ahondará a desarrollar toda la teoría del diseño de un barco, se centrará en los aspectos básicos y generales que pueda ser entendido por el estudiante de la ingeniería pesquera, aspectos necesarios para entender el funcionamiento de un barco como plataforma para la faena de pesca y de navegación.

La hidrodinámica aplicada al barco es la parte más relevante en el diseño de un barco pero a su vez es complejo su estudio. Se debe tener presente que el navegar en la separación de dos fluidos (agua y aire) complica su análisis. Estas dificultades teóricas se han suplido de manera experimental a lo largo de los dos últimos siglos, la misma que ha permitido establecer leyes que son la base de los ensayos en estudios experimentales actuales.

3.1. Descomposición de la Resistencia al Avance: El estudio de la resistencia al avance de un buque parte considerando que es un conjunto de resistencias que se integran de manera aditiva. El componente más importante es la resistencia viscosa. Esta resistencia se puede descomponer en la resistencia por fricción y la resistencia de presión por fricción. La primera se produce por la fricción directa entre el agua y el casco. El agua no desliza sobre el casco, sino que una delgada lámina de agua permanece pegada a la obra viva (como se muestra en la Figura 4.1). Junto a esta lámina se asume otra que es arrastrada por la primera, pero que por efectos de la viscosidad del fluido no es exactamente igual a aquella, sino que avanza a una velocidad algo menor. Así la siguiente lámina tendrá un avanza aún menor que la anterior, de tal forma que a medida que se aleja del buque, se encontrará láminas de agua cada vez menos influenciadas por el avance del barco, hasta que a una cierta distancia del casco, el agua ya no es influida por el movimiento de la embarcación. Cada punto del casco contribuye a la resistencia de fricción (que es la tracción o tensión tangencial del fluido) y esta contribución "es proporcional a la tasa a la que varía la velocidad del fluido a medida que nos alejamos del barco" (García, 2005), siendo la constante de proporcionalidad la viscosidad del fluido.

Figura 3.1. Esquema del comportamiento del flujo hidrodinámico alrededor de una carena típica.

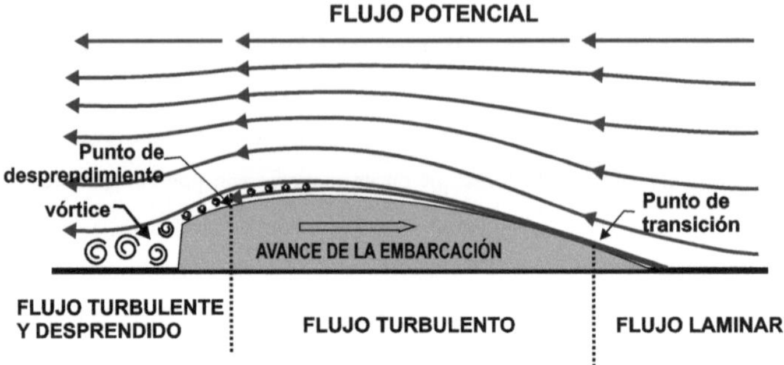

Es evidente que dado que la resistencia por fricción actúa en la superficie del casco, la reducción de superficie mojada redunda en una disminución de esta componente de la resistencia. Aunque el cálculo de la resistencia por fricción de un casco necesita el uso de técnicas experimentales. Existen fórmulas experimentales que pueden ser de utilidad aplicadas a placas planas, como la línea de fricción ITTC 57 (Esta línea de fricción es tomada de la Internacional Towing Tank Conferencia, 1957) cuya fórmula es:

$$C_F = \frac{0,075}{(log_{10}(Rn)-2)^2}$$

Donde C_F es el coeficiente adimensional de fricción (obtenido dividiendo la fuerza con ½ρSV^2 donde ρ es la densidad del agua de mar, S el área mojada del buque y V su velocidad).[6]

De otro lado, la resistencia de presión por fricción se presenta por el desequilibrio que ocurre en las fuerzas de presión sobre el casco debido a fenómenos viscosos. La Figura 3.2 muestra tres configuraciones que suelen ser frecuentes en la distribución de presión que se presenta a

---

[6] Cabe indicar que las ecuaciones que se presentan en este capítulo se basaron en la información obtenida de http://ocw.upc.edu/sites/default/files/materials/15012190/22826-3100.pdf

lo largo de una línea de corriente sobre el casco de un buque. La primera curva corresponde al caso ideal en el que no existen fenómenos viscosos (es decir, un fluido sin viscosidad que da origen a un flujo potencial). En ese caso la distribución de presión está equilibrada, de manera que su integral sobre el casco es nula (es decir, la resistencia de presión por fricción en un fluido sin viscosidad es nula). El efecto de la viscosidad sobre la distribución de presión se muestra en las siguientes curvas. En ellas se aprecia el desequilibrio que se produce en esta distribución, lo que provoca la aparición de resistencia. Un diseño adecuado puede reducir apreciablemente esta componente de la resistencia, y este componente depende fundamentalmente de dos factores: la forma del casco y el número de Reynolds. Para minimizar esta resistencia de presión por fricción se suele "limitar las curvaturas de las líneas de agua del casco, así como el ángulo de entrada del agua en la línea de flotación" (García, 2005)

El coeficiente de forma del barco que más influye en la resistencia viscosa es el coeficiente prismático (C_P). Si se aumenta el coeficiente, la forma del casco será más llenas en particular las de la parte de la popa. Este efecto, junto con el consiguiente aumento de las curvaturas de las líneas de agua del casco produce un aumento muy significativo en la resistencia de presión por fricción del barco.

Figura 3.3. Distribuciones típicas de presión sobre una línea de corriente del casco. Tomado de García, 2005.

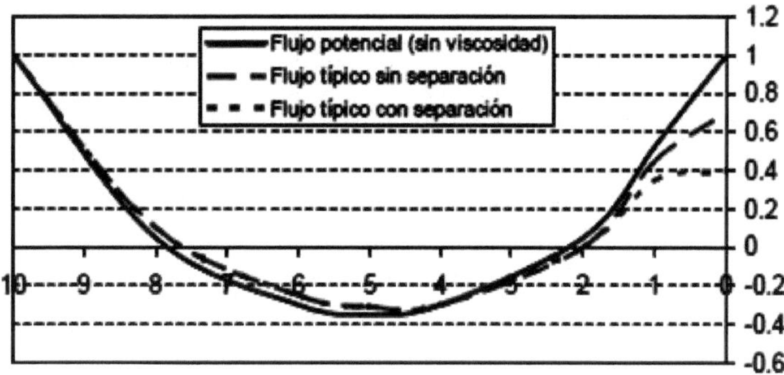

Otra componente a la resistencia al avance, y que es la segunda en importancia, es la "resistencia por formación de olas" cuando se mueve el buque puesto que se emplea energía en su formación. Cuando se navega a baja velocidad el buque genera olas de muy pequeña amplitud, es decir, que la mayor parte de la resistencia es de carácter viscoso. Cuando aumenta la velocidad cambia la longitud de onda y su altura pero también se genera diversos tipos de olas, que si se presenta interferencia positiva las crestas de las olas se suman y otras olas pueden tener interferencia negativa, es decir, que se cancelen las olas. Al aparecer una ola generada en popa llegue en el valle de la ola que está en proa atenuando su efecto y por tanto disminuya el valor de esta resistencia. Este comportamiento del tren de olas generadas por el buque en movimiento da lugar a que la resistencia por formación de olas tenga variaciones. En la práctica resulta difícil calcular de manera experimental esta resistencia por formación de olas, esta suele estar incluida en la "resistencia residual".

3.2. Fases iniciales del diseño de una embarcación

Para iniciar el diseño de una embarcación generalmente se usa un buque base ya existente que sea similar al que se desea construir, a partir de este se puede disponer de información suficiente que puede servir de guía para las primeras fases del proyecto, pues a partir de estos se pueden estimar aspectos críticos Conforme se avanza en el diseño definitivo sus valores se modificando.

Los principales aspectos que se pueden estimar son: el "Cálculo de Potencia y Propulsión" es decir la potencia necesaria así como las características básicas del equipo de propulsión; "Definición de formas" para elaborar los planos del buque teniendo presente el comportamiento hidrodinámico entre otros; "Cálculo del peso en rosca"; "Cálculo del centro de gravedad del buque"; "Disposición general" de las cubiertas, mamparos y compartimientos; "Definición de capacidades y Cálculo del arqueo". Para ello es necesario definir las dimensiones de los tanques, bodegas, etc. y se cubican, luego se realiza el cálculo del arqueo y francobordo del buque; "Definición estructural" como el de la cuaderna maestra y otros elementos estructurales; "Maniobrabilidad" analizando las características de la maniobrabilidad del buque; "Definición del sistema de propulsión y otros sistemas" para ello se debe definir de manera específica las características y disposición de los equipos que intervienen en el sistema de propulsión así como el de los otros sistemas; "Estabilidad", para este fin se requiere definir las situaciones de carga que puede sufrir el buque tanto en condiciones apropiadas como ante averías, estableciendo entre otros la resistencia longitudinal de la estructura. Por último, no se puede dejar de lado el "Análisis de costos".

Una de las primeras acciones para el diseño de un buque es establecer su dimensión. Una característica fundamental para establecer la dimensión de un buque es la eslora el cual puede determinarse de tres formas principales[7]:

- Por una condición pre establecida como la capacidad de bodega, a partir del cual se puede establecer los espacios para las máquinas, equipos, etc.
- Por relaciones de base experimental, es decir, existen fórmulas empíricos que permiten relacionar el tamaño de la eslora con la resistencia al avance. De esta forma se establece el equilibrio entre la forma del buque y la potencia de propulsión requerida.
- Por relaciones de base experimental que ayudan a establecer las otras dimensiones del buque, estas permiten afinar el tamaño de la eslora.

Existen algunas limitaciones al tamaño de la eslora y otras dimensiones del buque como dimensiones de las gradas o diques de construcción, del tamaño y calado de los muelles y/o canales que usará (por ejemplo el Canal de Panamá permite buques con calados de 11,28 metros y 32,3 de manga[8]), restricciones reglamentarias, etc. Por lo general son unos pocos o uno que constituye en dimensión crítica.

Por ejemplo, si el volumen es la dimensión crítica debido a espacios adicionales para instalación de algún equipo especial u otra necesidad, entonces se prescinde de las condiciones peso/calado (que determina el francobordo) pero analizando con atención los problemas de estabilidad del buque. Para darle más espacio al buque, una solución de diseño es aumentar el puntal, pero se debe tener presente que el puntal está limitado por los requisitos de estabilidad del buque.

Si consideramos la velocidad como el parámetro más crítico, especialmente para aquellos casos que se requiera de buques rápidos (como los tuna clipper) las formas, en particular de la eslora, están condicionadas por la velocidad que debe alcanzar manteniendo el desplazamiento y el tamaño de la bodega. Se debe encontrar el tamaño mínimo que debe tener la eslora para este tipo de buques para que pueda desarrollar la velocidad deseada. De

---

[7] Tomado de http://es.scribd.com/doc/53558742/El-Proyecto-Del-Buque
[8] Dato tomado de Alvariño et al. (1997)

otro lado, la velocidad del buque que se desea alcanzar estará determinada por el tipo de mar que navegará.

De otro lado, a partir de la eslora se puede determinar otras dimensiones por la relación que debe existir entre estas. Existen diversas fórmulas para estimar la eslora a partir de las relaciones entre el coeficiente de bloque o peso, el puntal y el volumen de trazado. La relación entre el Manga y puntal (B/D) está vinculada con la estabilidad, un valor de 1,5 daría buques poco estables, mientras que un valor de 1,8 daría una buena estabilidad. La relación entre calado y puntal está vinculada al francobordo del buque. El cálculo de éste último está sujeto a normas y requerimientos técnicos pero que la existencia de software especializados lo facilita. A continuación se presenta una tabla del efecto del aumento de algunas de los parámetros de un buque:

Tabla 3.1. Efecto del incremento de algunos parámetros en el costo de un buque. Tomado de http://ocw.upc.edu/sites/default/files/materials/15012190/22826-3100.pdf

	Casco	Maquinaria	Coste operativo
Incremento L	Se incrementa el peso de la estructura y por lo tanto el coste de construcción de manera muy importante	Se reduce la potencia necesaria y los costes asociados, al menos para Fn reducidos	Se reduce el coste y consumo de combustible
Incremento B	Se incrementa el coste de construcción (pero de manera menos importante que con L)	Se incrementa la potencia y los costes asociados	Se incrementa
Incremento D y T	Se reduce el coste de construcción	Se reduce la potencia y costes asociados, si va asociado a una reducción de L	Se reduce
Incremento C_B	Forma más económica para incrementar el desplazamiento y el peso muerto	Se aumenta la potencia. Por encima de cierta relación entre Fn y C_B se produce un muy importante aumento de la potencia necesaria Existe una combinación de C_B y C_M de resistencia mínima	Se incrementa
Incremento C_P	No tiene una influencia significativa	Se aumenta la potencia. Se considera el parámetro más definitorio de la resistencia al avance	Se incrementa

Nota: C_B es el coeficiente de bloque; F_n es el número de Froude; C_M es el coeficiente de la maestra y C_P es el coeficiente prismático

La relación entre puntal y eslora influye en la resistencia longitudinal del buque, su aumento del valor aumentará las tensiones debido a los momentos flectores. De otro lado, la relación entre calado y eslora y calado y manga suelen considerarse como secundarias. En su reemplazo se usa la relación calado y puntal en relación con otras relaciones. Cabe indicar que cuando la relación L/T es alto se reduce la posibilidad de que el buque sufra pantocazos (golpe que da el casco con el agua al chocar contra las olas). La relación manga/calado influye en la estabilidad inicial y en la resistencia al avance. Para el cálculo de cada uno de estos parámetros y coeficientes existen fórmulas propuestas por diversos autores y para diversos tipos de buques.

Otro aspecto importante para el diseño de una embarcación son las formas de un buque. Por lo general este debe responder a la velocidad requerida por los dueños. Las formas óptimas son las que responden a condiciones hidrodinámicas, pero usualmente estos colisionan con la capacidad de carga necesaria o aspectos económicos.

El diseño de la forma se inicia cuando se ha llegado a realizado los cálculos de las dimensiones y los diferentes coeficientes y ya es necesario elaborar los planos del buque. Las formas influyen en la distribución general del buque (es más crítico para buques de manga estrecha) para la distribución y cubicación de las bodegas y otros espacios de carga, para estudio de la estabilidad, para determinar el centro de gravedad y para estimaciones de costos.

Para elaborar las formas se debe tener presente el desplazamiento y calado del buque; los espacios de carga; asignación de áreas en cubierta para los equipos; minimizar la potencia, resistencia al avance, vibraciones, etc.; buena maniobrabilidad y comportamiento en el mar; disponer un KM que asegure una estabilidad suficiente; evitar discontinuidades que dificulten el diseño estructural; y el que cuente con una forma estética atrayente. Difícilmente se podrá satisfacer todas estas consideraciones por lo que se tendrá que establecer una lista de prioridades.

Por lo general el proceso de diseño de forma se inicia con la definición de los parámetros de forma (se elige dimensiones y parámetros de forma como la eslora, manga, puntal y se establece los coeficientes), se define las formas (con frecuencia ayudados con software especializados) y se evalúa técnicamente (estudiando la resistencia al avance, capacidad de carga, interacción con la hélice, etc.).

Otro aspecto que se debe considerar al trazar las formas de la proa del buque es el semiángulo de entrada en la línea de flotación (α) calculado mediante la siguiente fórmula:

$$\alpha = 125{,}67\,\frac{B}{L_{PP}} - 162{,}25\,C_P^2 + 234{,}32\,C_P^3 + 0{,}1551\left[X_{CC} + \frac{6{,}8(T_A - T_F)}{T}\right]^3$$

Donde L_{PP}, B y T son respectivamente la eslora entre perpendiculares, la manga y el calado y X_{CC} la posición del centro de carena en relación a la eslora. Un ángulo grande puede hace que las formas resultante favorezcan una formación muy rápida de flujo turbulento aumentando la resistencia viscosa. Cabe indicar que este ángulo influye en gran manera en la forma de la proa y en las cuadernas.

Figura 3.4. Ángulo de la roda en su intersección con el plano de flotación.

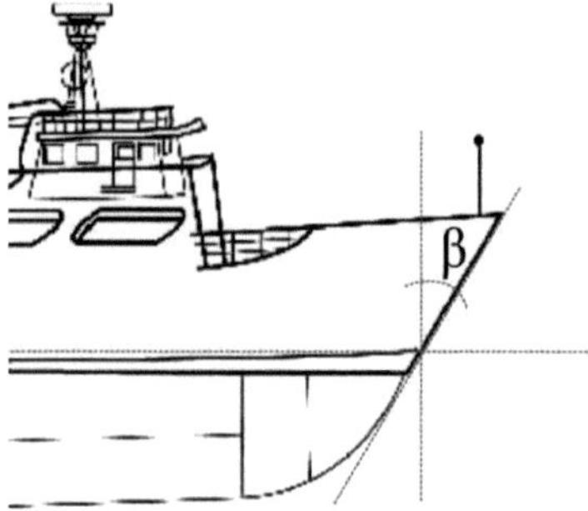

Otro aspecto que se tiene que tener presente al ángulo (β) que forma su intersección con el plano de la flotación. Este es conveniente que se encuentre entre los 15 y 30°, para asegurarse un ángulo de entrada del agua sea apropiado y constante para una mayor zona de calados, como se muestra en la Figura 3.4.

Una interrogante en el diseño de las proas es si tendrá la sección forma de U o de V. Para definirla se puede tener presente que las que tienen forma de V su volumen aumentará con la altura, tendrá mayor manga en flotación lo que da mayor momento de inercia y un centro de empuje más alto lo que incrementa la estabilidad; también tiene menor superficie mojada; mejor comportamiento en el mar y mayor superficie de cubierta. Los aspectos negativos de esta forma es que tiene mayor resistencia por formación de olas.

La elección de la forma depende de diferentes factores como el número de Froude, así en valores menos de 0,18 y mayores a 0,25 resulta ventajosa la forma en V, pero para valores cercanos a 0,23 las formas de U tienen mejor comportamiento. Los valores intermedios resultan recomendables formas que las combinen (García, 2005).

El trazado de popa es afectado por el rendimiento del sistema de propulsión. Pues influye en el flujo del agua por lo que afecta la resistencia viscosa, de otro lado se ve afectado la propulsión del buque, su rendimiento es máximo con una estela homogénea. Para su trazado se debe tener presente que el hélice debe estar sumergido a una profundidad adecuada y disponer de separación mínimas entre hélice, codaste y timón.

Las popas tipo espejo puede reducir la resistencia al avance, además que es más fácil su construcción, pero se recomienda que el espejo debe comenzar en la línea de flotación cuanto tiene un Fn menor a 0,3 y si es igual o muy cercano a este valor el espejo debe tener una ligera inmersión. Pero si tiene un valor alrededor de 0,5 el espejo debe tener el equivalente al 10 a 15% del calado, sumergido y si el valor es mayor a 0,5 la inmersión del espejo debe llegar al 15 - 20% del calado.

Respecto a la distribución general del buque, este está fuertemente vinculado a la actividad a desarrollar por lo que espera que primero se realice un estudio de la disposición general del buque en particular antes de iniciar el proceso de distribución de espacios. Es importante tomar en cuenta buques similares ya existentes como referencia. Las dimensiones de los distintos espacios requeridos como para sala de máquinas, bodega, equipos para faenar o procesar a bordo, habitaciones, sala de mando, etc., está condicionado por la disposición de los elementos estructurales. Después de que la parte estructural está definida se definen los mamparos transversales, longitudinales, las cubiertas y el forro del casco.

Las superficies de las cubiertas son planas y horizontales excepto la cubierta superior que tiene bruscas y arrufos (este tiene alto costo por lo que se prefiere evitarlo). Los mamparos transversales y longitudinales son planos, verticales y con refuerzos de vigas soldadas.

Respecto al diseño estructural, se debe elegir el tipo de estructura. Esta elección dependerá de cuan eficaz es la respuesta a los esfuerzos a la que son sometidos los buques. En la mayoría de los casos se debe tomar en cuenta las cargas estáticas generales ocasionado por los momentos flectores y esfuerzos cortantes verticales; cargas estáticas locales como consecuencia de las presiones estáticas debido a las cargas, equipos y el agua; cargas dinámicas generales debido a la variación periódica de los momentos flectores y torsores y los esfuerzos cortantes verticales; cargas dinámicas locales debido a las presiones dinámicas producida por la carga.

Estas cargas generan deformaciones y tensiones en los diferentes elementos estructurales. Las respuestas de estos últimos pueden ser de tipo primaria, es decir, cuando todo el casco se flexiona como una viga, afectando a todos los elementos estructurales, siendo las cubiertas superior y de fondo las que más sufren y estas deben soportar las situaciones más críticas, a las que se denominan arrufo y quebranto. Las respuestas secundarias corresponden a los momentos torsores que se producen en el buque y se ven reflejado en los paneles de chapa reforzada entre dos mamparos transversales contiguos. Respuesta terciaria corresponde a las respuestas locales de cada zona de chapa entre los refuerzos, las que son de tipo de flexión.

Los fallos estructurales más generales son el pandeo, que ocurre cuando un elemento es sometido a la acción de tensiones de compresión o de cortadura, cuando estas tensiones superan un límite el elemento falla, apareciendo una gran deformación en dirección normal a la acción de los esfuerzos o incluso puede llegar a la ruptura. El fallo de fluencia que ocurre cuando se presenta tensiones de tracción sobre una estructura, si estas superan un límite se puede deformar hasta llegar a su ruptura, y es característico de estructuras debilitadas por la fatiga.

Para elegir el tipo de estructura, una de las primeras decisiones a tomar, se considera el tamaño del buque. Si su eslora es mayor a 200 metros se elige la estructura longitudinal porque usa menos acero, resultando más económico. Para buques menores a 65 metros de eslora, la resistencia longitudinal de la estructura es de importancia secundaria por lo que no importa el tipo de estructura, pero la estructura longitudinal se torna más compleja e incrementa el costo por lo que se suele elegir la estructura transversal. Para buques de esloras intermedias la elección dependerá del diseñador quien debe sopesar si es más conveniente minimizar el peso del acero o minimizar los costos de producción. Muchas veces se eligen estructuras mixtas, es decir, combinan la estructura longitudinal para el fondo y la cubierta mientras que la estructura transversal para los costados y el soporte de las cubiertas centrales. En cualquier caso, la estructura de los extremos de la popa y la proa y de la sala de máquinas, cuando está en popa, suele ser transversal.

El siguiente paso en el diseño de un buque es determinar el espaciado de los elementos secundarios que condiciona el espaciado de los elementos primarios. Se prefiere que sus espaciados sean múltiplos exactos. Respecto al espaciado de las cuadernas en las zonas más extremas se suele tomar el valor de 600 mm o 610 mm, pero si el buque es muy grande puede ser de 700 mm. Para la zona de la sala de máquinas se suele elegir un valor intermedio entre las zonas extremas y las zonas donde tiene mayor carga si es que no hay una gran diferencia.

Otros aspectos importantes en el diseño de un buque es la selección del sistema de propulsión, empezando por el propulsor, el más común son las hélices, y existen diferentes tipos, los cuales dependerá de la eficiencia que pueda producir para el tipo de buque que se diseña. También es necesario elegir el tipo de generador de energía y el movimiento del hélice que puede ser motor diesel, turbinas, etc. Otro sistema es el de alimentación de combustible, cuya misión es de proveer de combustible al motor principal en las condiciones requeridas. El sistema eléctrico que tiene como función el de generar y/o proveer de energía eléctrica a los diferentes consumidores, siempre se busca el menor consumo de energía eléctrica para atender todas las necesidades. Sistema de enfriamiento del motor y otros equipos. Sistema de gobierno caracterizado por el timón (compuesto de cuerda del timón, altura del timón, distancia del eje de la mecha del timón a la vertical del centro de presiones de la pala) y el servomotor.

También es necesario calcular el desplazamiento (Δ), el centro de gravedad del buque y el peso en rosca. Para el cálculo del primero es necesario determinar el calado y la evaluación del volumen de carga en cada situación; evaluar las características de estabilidad; así como la estimación de los costos. El desplazamiento del buque se descompone en el peso en rosca (LWT) y el peso muerto (DWT). En algunos casos se añade a las anteriores partidas el lastre fijo, aunque conceptualmente se incluiría en el peso en rosca)

$$\Delta = LWT + DWT$$

LWT es el peso en rosca y es la suma de todos los pesos del buque listo para navegar, excluyendo carga, tripulación, pertrechos y consumos, pero incluyendo fluidos en aparatos y tuberías. Se suele dividir en tres partidas principales, el peso de la estructura, el peso d la maquinaria y el peso del equipo. Es recomendable darle un margen por si ha habido infraestimación del peso en rosca o sobre estimación del desplazamiento.

DWT es el peso muerto y que corresponde a la carga, tripulación, pertrechos y consumos, es decir, todo lo que no pertenece al peso en rosca.

CAPITULO IV

CABOS Y CABLES A BORDO DE UNA EMBARCACIÓN PESQUERA

Las "cuerdas" utilizadas a bordo llevan el nombre genérico de cabos. Este capítulo será un compendio de los conocimientos mínimos que el hombre de mar, sea pescador, ingeniero pesquero o marino debe tener sobre los diferentes tipos de cabos existentes y las operaciones a realizar con ellos: nudos, ligadas, ayustes, etc. Es enorme la cantidad de operaciones que se realizan con los cabos, aquí se expondrá solamente los conocimientos indispensables para las maniobras a bordo especialmente las requeridas en la pesca (Barbudo, 1993; Brumar; Catalgo 2013).

4.1. Cabos

El conjunto de cabos y cables empleados en los buques se denominan jarcia o cabullería.

Los cabos se miden por la longitud de su circunferencia o mena, generalmente es expresada en milímetros.

En el pasado se utilizaron de manera generalizada los cabos elaborados a base de fibras vegetales como el cáñamo, el abacá, el sisal y el algodón, pero en la actualidad se fabrican principalmente con fibras sintéticas como el nylon, el terylene, el dracón, el plietileno y el polipropileno.

Elaboración mediante colchado. La primera operación que hay que hacer para elaborar un cabo es unir un puñado de fibras, sean vegetales o sintéticas, y se les retuerce sobre sí mismas. A este retorcimiento se le denomina colchado. Cuando el retorcido se realiza de izquierda a derecha se denomina colchado a la derecha, que es la forma más frecuente. El grupo de fibras colchadas a la derecha forman una filástica. El paso siguiente a realizar es retorcer o colchar varias filásticas entre sí pero ahora en sentido contrario, es decir, de derecha a izquierda: colcha a la izquierda. De esta forma se obtiene un cordón.

Con tres o cuatro cordones colchados a la derecha, se forma una guindaleza. Guindaleza son la mayoría de los cabos que se encuentran a bordo. La figura 4.1 representa dos tipos de guindaleza.

Figura 4.1. Sin alma (izquierda) y con alma (derecha). Tomado de http://www.xente.mundo-r.com/nudos/

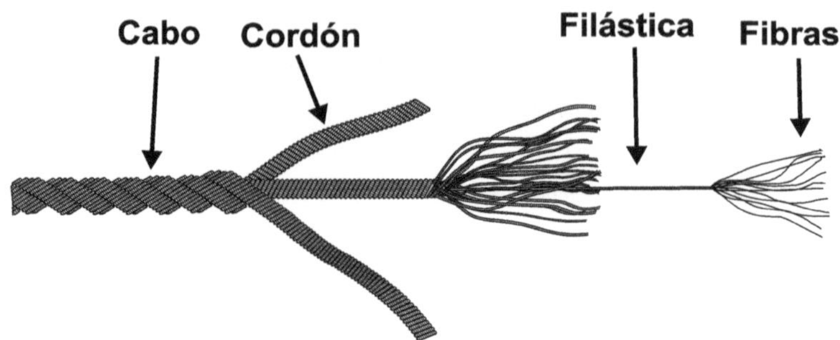

Cuando está formada por cuatro cordones, lleva un cordón interno colchado al revés, llamado alma. El objeto del alma es ocupar el espacio interior que dejan los cuatro cordones, evitando así que el cabo se aplane. Además, aumenta la fuerza del cabo y por tanto la resistencia a la rotura, pero es rígida y se alarga mucho bajo tensiones. Absorbe algo de energía ante una caída. Está expuesta a la abrasión y a la radiación ultravioleta. Se deforman poco al pasar por aparatos como poleas. A medida que se desgasta pierde resistencia.

Figura 4.2. Se muestra un cabo con cuatro cordones y alma.

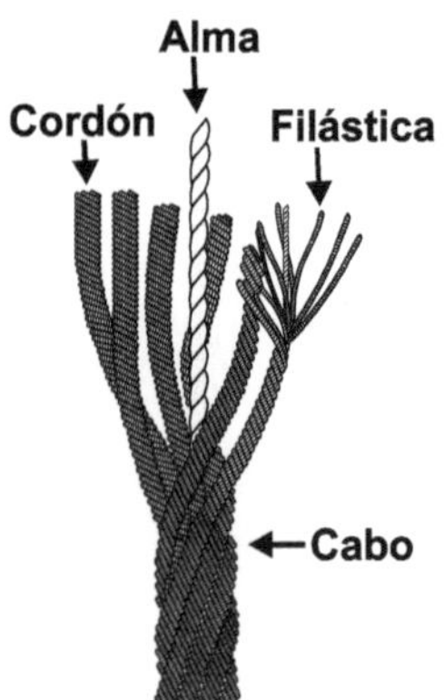

Por último, tres o cuatro cabos colchadas a la izquierda forman un calabrote normalmente voluminoso. Los calabrotes se utilizan tradicionalmente como cabos de amarre de gran resistencia en arsenales y muelles. En algunos lugares se conocen también por cables. En la actualidad apenas se utilizan.

Elaboración mediante tejido o trenzado. Los cabos colchados tienen facilidad para liarse, coger vueltas o cocas. Para evitar esto, se utilizan cabos elaborados mediante tejido o trenzado. De los anteriores, existen en la actualidad dos grandes grupos, los cabos de escasa mena fabricados mediante tejido de filásticas, tradicionalmente denominado beta tejido, y los cabos de gran mena, de ocho cordones trenzados, utilizados en el amarre de buques.

De los cabos tejidos con filástica, hay varios tipos (vea la Fig. 4.3). El más consistente es un tubo hueco formado por filásticas tejidas entre sí, la mitad hacia la derecha y la otra mitad hacia la izquierda (a). La figura 4.3b, muestra otro tipo de cabo en el cual las filásticas externas se tejen alrededor de un grupo de filásticas que hace de alma. Una tercera forma de elaboración es mediante el doble tejido que no necesita explicación.

Figura 4.3. Cabos tejidos con filástica.

a) TRENZADO CON ALMA

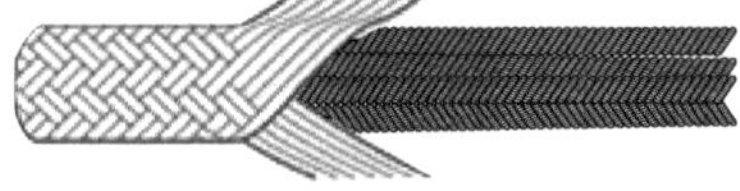

b) TRENZADO CON ALMA DOBLE

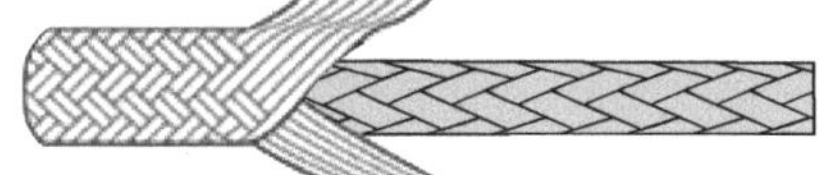

En todos los anteriores, se procura que las filásticas al tejerlas queden poco apretadas, con objetos de que el cabo resulte flexible y manejable. Este cabo se utiliza sobre todo en drizas y escotas.

Figura 4.4. Tomado de Barbudo, 1990.

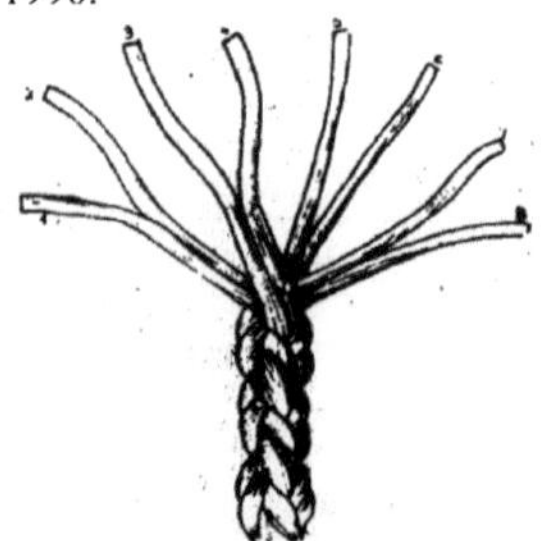

Para explicar la fabricación de cabos de ocho cordones, se utiliza la figura 5.4 como puede verse, consta de cuatro pares de cordones. Los cordones 1, 2, 7 y 8 están colchados a la izquierda, mientras que los restantes lo hacen a la derecha. Cada dos parejas opuestas se entrelazan entre sí alternativamente, Así, la pareja 1-2 con la 7-8 en sentido derecho, a continuación la 3-4 con la 5-6 en sentido izquierdo, de nuevo la 1-2 y 7-8 en sentido derecho y así sucesivamente. El cabo resultante es de gran resistencia, manejable y sin tendencia a enrollarse.

5.1.1. Resistencia de los cabos.

La carga de ruptura de un cabo es, con mucha aproximación, proporcional al cuadrado de la mena, la expresión de la carga a la cual el cabo parte, es:

$$R = K\,C^2$$

Donde K es un coeficiente que depende del tipo de fibra y de la forma como está elaborado el cabo y que generalmente se expresa en Kg/cm^2.

Partiendo de la fórmula anterior, y conocimiento el esfuerzo que va a sufrir, se puede obtener el tipo de cabo a utilizar en una maniobra determinada. Es obvio que la carga de ruptura no debe de ser alcanzada nunca. Suele tomarse un coeficiente de seguridad que para cargas estáticas es de un tercio y para cabos que han de laborear, varía entre un sexto y un noveno, dependiente del tipo de cabo. Véase un ejemplo:

Se desea calcular la mena del cabo de abacá a utilizar en una maniobra, sabiendo que tiene que aguantar unos esfuerzos que llegan hasta 100 Kilos.

El coeficiente K para el abacá es de 70 $Kg./cm^2$.

Como es una carga dinámica, el cabo debe estar preparado para aguantar hasta a veces los 100 Kilos, o sea, la carga de ruptura es de 600 Kg. Entrando con los 600 Kg. En la fórmula.

$$C = \sqrt{\dfrac{600}{700}} = 2.92 \text{ cm.}$$

Un cabo de 3 cm. de mena será el apropiado para la maniobra.

Al hacer una costura en dos cabos colchados, su resistencia se reduce en una octava parte, mientras si el empalme se hace con cabos tejidos su resistencia se mantiene prácticamente.

Un cabo gastado, que tiene filásticas externas rotas, no pierde la resistencia de una manera total. Puede calcular sin mucho error la nueva resistencia de ruptura, a base de entrar en la fórmela con la mena real del cabo.

4.1.2. Materiales en la fabricación de cabos.

Como ya se expuso al comienzo del capítulo, actualmente la mayoría de los cabos que se utilizan a bordo son de fibras sintéticas, debido a la mayor superioridad en prestaciones y precio. No obstante, continúan fabricándose de sisal y abacá.

TABLA 4.1. Tabla comparativo con las principales características de las fibras más usadas en la actualidad (tomado de Barbudo, 1990).

	Coefi Ruptu K Kg. cm.	*Alargamiento*		Densi d	Absor c Agua	Coe f Seg	Adherenci a	Resistenci a Deterioro
		Ruptura	*20% Rupt.*					
Sisal	56	13%	5%	1.25	100%	5	Excelente	Escasa
Abacá	70	13%	5%	1.5	100%	5	Excelente	Escasa
Algodón	40	15%	8%	1.54	----	6	Bueno	Poca
Polipropileno Colchado	100	24%	9%	0.91	0	6	Malo	Excelente
Polipropileno 8 cordones	110	24%	9%	0.91	0	6	Malo	Excelente
Poliester Colchado	155	20%	6%	1.38	1%	9	Bueno	Excelente
Poliester 8 cordones	176	20%	6%	1.38	1%	9	Bueno	Excelente
Nylon tejido	194	50%	20%	1.14	7%	9	Malo	Excelente
Nylon colchado	176	50%	20%	1.14	7%	9	Malo	Excelente
Nylon 8 cordones	210	50%	20%	1.14	7%	9	Malo	Excelente

La cabullería con fibras vegetales que todavía se fabrica, es la de sisal, abacá y algodón. A la vista del cuadro, se aprecia que son las de menor resistencia, pesadas y poco manejables. Al mojara se puede llegar a duplicar su peso, debido a la absorción de agua. Se deterioran antes que las fibras sintéticas. Comparadas con éstas, son más baratas pero duran menos, por lo que están condenadas a desaparecer. Estiran poco, por lo que aún se utilizan en aquellas aplicaciones en que se requiera esta cualidad, tal como las tiras de arriado de botes.

El algodón es una fibra que durante mucho tiempo se ha usado para cabos de poca mena, en beta tejida, tales como drizas, escotas, etc. En la actualidad está siendo desplazado por el nylon.

Entre las fibras sintéticas, el nylon es la más resistente, de poco peso y muchas resistencias a los elementos y ácidos. "Nylon" es el nombre comercial más conocido de las poliamidas. Otras poliamidas de características similares a l nylon son las denominadas perlón, enkalón, amilán. Una cualidad que a veces es un inconveniente, es que al ser sometido a una carga, estira. Un alargamiento de un 30 %, es normal en un cabo de nylon, sin que éste sufra. Por dicha razón y , abundando en lo que se dijo en el párrafo anterior, un cabo de nylon no sirva como tira de arriado de un bote. Si se utilizara, el bote alcanzaría un movimiento de vaivén arriba y abajo que, sobre todo con mar, resultaría muy peligroso.

Otro inconveniente del nylon es que es muy escurridizo. Al amarrar un cabo de nylon bajo tensión a una bita o cornamusa, habrá que dar más vueltas que a uno de abacá o sisal, pues de lo contrario, se puede escapar. Asimismo, al hacer costuras en cabos de nylon, los cordones tienden a escaparse, por lo que hay tener la precaución de al finalizar la costura, dar una ligada cada dos medios cordones.

El coeficiente de seguridad que se aplica en el nylon para el cálculo de esfuerzos, es de un noveno. Las guindalezas de nylon no deben ser usadas en cargas con capacidad para girar, pues en tal caso tienden a descolcharse.

El "polipropileno" es una fibra sintética, de no excesiva resistencia, cuya principal características es su densidad. Al ser más ligera que el agua, flota. Por dicha razón es de especial utilidad para estachas y sobre todo remolques. Al flotar, reduce la posibilidad de que se enrede en las hélices.

Una fibra de cualidades intermedias entre el polipropileno y el nylon, es el "poliester". Su principal cualidad es que se adhiere mejor que las otras fibras a las bitas y cornamusas. Al poliester se le conoce generalmente por los nombres comerciales de dacrón, terylene o tevira.

4.1.3. Partes de un cabo:

Todo cabo, tanto formando parte de un aparejo como con independencia, tiene tres partes bien diferenciadas: chicote, seno y firme.

Chicote: Es el extremo del cabo que queda libre.

Seno: Se llama así a cualquier trozo de cabo intermedio existente entre los dos extremos.

Firme: Es el extremo del cabo que va unido a la estructura firme del barco.

Figura 4.5. Fuente: **¡Error! Referencia de hipervínculo no válida.**

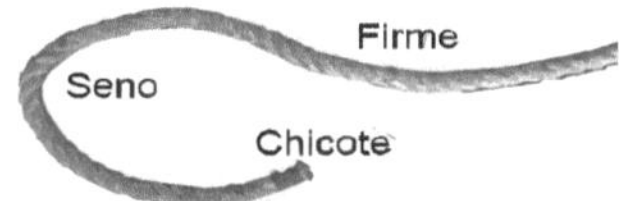

4.1.4. Adujado de la maniobra: Adujar un cabo o cable, consiste en recogerlo ordenadamente formando circunferencias con objeto de que ocupe poco espacio y no se enrede. A cada una de las vueltas que forman el cabo de la denomina aduja. Por extensión, al hecho de recoger la cabullería después de una maniobra se le conoce como adujar la maniobra.

Figura 5.6. Fuente:http://www.geocities.ws/modelistas brownianos_archivo03/tecmod64/index.html

El método general de recoger un cabo, consiste en formar círculos sobre cubierta con él, en el sentido de las agujas del reloj y empezando por la parte más próxima al firme. Una vez recogido todo el cabo, se le da media vuelta a todo el conjunto a fin de que al trabajar el firme, el cabo salga sin dificultad.

4.1.5. Gazas: Se llama gaza al lazo en que con frecuencia termina un cabo y que son realizados a base de nudos (como as de guía y balso por chicote o de calafate), costura (o empulguera) y ligadas. Estas son de aplicación en múltiples maniobras, como por ejemplo servir de soporte a un grillete.

Figura 4.7. Fuente:
https://foro.latabernadelpuerto.com/show thread.php?t=93494.

Figura 4.8. Fuente:
https://www.nauticosa.com/shop/es/catalogo/159-gaza-cabo-amarre-16-mm.html

A veces, cuando la gaza debe trabajar alrededor de algo duro (como con el cáncamo, los grilletes, etc.) es conveniente insertar una pieza metálica denominada guardacabo (ver imagen adjunta). Al hace una gaza con guardacabo, es necesario que se tenga en cuenta las medidas de la misma, para que ajuste perfectamente. Es pertinente que la longitud de la gaza sea algo menor que el perímetro del guardacabo, debido a que el cabo siempre se estira algo. Cuando en los extremos de un cabo no se puede realizar una gaza, y solo queda hacerlo en el seno se utiliza la gaza con ligadas, y como no resulta adecuado descolchar los cordones, se debe atortorar o enlazar los dos cabos mediante una ligada. En la figura adjunta se presenta la forma de realizar esta gaza.

Figura 5.9. Fuente:
http://wiki.larocadelconsejo.net/index.php?title=Ligada_simple

4.2. Cables

5.2.1. Fabricación de cables.

A bordo, en aplicaciones en donde se requiera mayor resistencia de la proporcionada por las fibras, se utilizan cables metálicos. Los cables se fabrican principalmente de acero, galvanizado o no, y en menor medida, de bronce fosforoso, para usos en que se necesiten antimagnéticos.

En aquellas aplicaciones en que el cable se mantiene fijo, se escoge galvanizado; pero si ha de trabajar por un aparejo, la protección galvánica se le caería con el rozamiento y se oxidaría. En esta circunstancia es mejor escogerlo sin galvanizar y engrasarlo con frecuencia.

La fabricación es a base de colchado como los cabos. Suelen tener 6 cordones, cada uno de los cuales está compuesto de un número determinado de los alambres de acero.

Los seis cordones se colchan alrededor de una alma, la cual puede ser bi3n un cabo, bien otro cordón de cable o bien otro cable de mena inferior. Como es lógico suponer, el primer tipo es el más flexible y ligero mientras el último tiene mayor resistencia y rigidez. Los más utilizados a bordo son lo cables que tienen por alma un cabo.

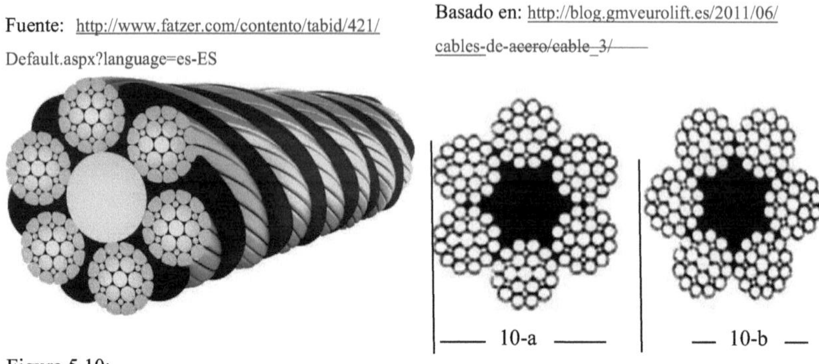

Figura 5.10:

También se fabrican cables "spring lay" cuyos cordones están compuestos por filásticas de fibras sintéticas y alambres de acero al mismo tiempo, con lo que se consigue gran flexibilidad y resistencia a la vez. Sus características son intermedias de cabo y cable.

Elementos que componen un cable: Los cables de acero están compuestos de una determinada cantidad de torones o trenzas colocados o cerrados en forma helicoidal alrededor de un núcleo o alma de soporte. Cada uno de los torones está conformado por cierta cantidad de alambres los cuales también se encuentran colocados de forma helicoidal alrededor de un alambre central de un torón. Los alambres en el torón están colocados en una forma geométrica definida y predeterminada:

1.- Alambre

2.- Torón

3.- Alma

Figura 5.11. Fuente:

www.cablesguayalres.com/cablesacero.html

El propósito del alma o núcleo de un cable de acero, es la de permitir la colocación adecuada de los torones y permitirles moverse o trabajar libremente, de tal manera, que cada torón asuma la parte de carga proporcional que le corresponda en condiciones normales de trabajo. El alma de acero, se usa en aquellos cables cuya aplicación requiere grado máximo de resistencia, especialmente cuando los cables puedan encontrarse sujetos al aplastamiento.

Para medir los cables, se utilizan también la medición de la circunferencia o mena, aunque también se suelen conocer por su diámetro. Téngase en cuenta que el diámetro al que se refiere las instrucciones de los fabricantes es el máximo como se indica en la Figura 5.10-a y no como se indica en la Figura 5.10-b.

El tipo de cable se conoce también por el número de cordones y alambres que posee. Por ejemplo un cable de 6 x 12 significa que posee 6 cordones de doce alambres cada cordón.

Figura 5.12: Tomado de http://www.cablesguayalres.com/cablesacero.html

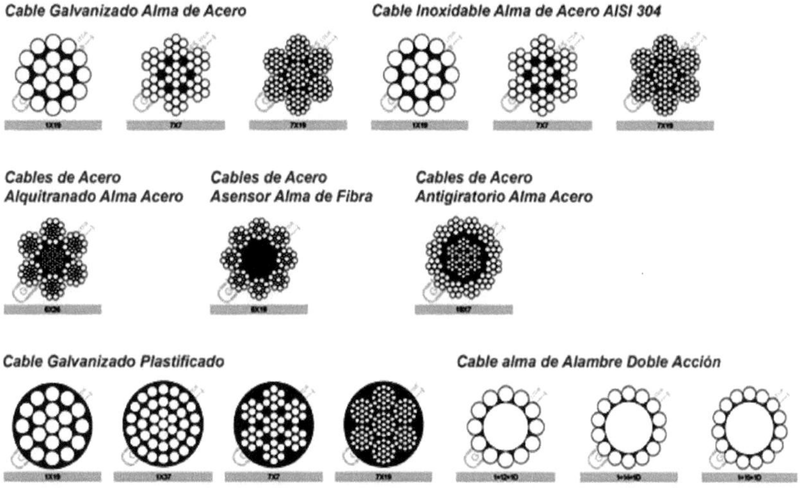

Cable Galvanizado Alma de Acero

Cable Inoxidable Alma de Acero AISI 304

Cables de Acero Alquitranado Alma Acero

Cables de Acero Asensor Alma de Fibra

Cables de Acero Antigiratorio Alma Acero

Cable Galvanizado Plastificado

Cable alma de Alambre Doble Acción

4.2.1. Resistencia de los cables

Estos se someten también a la fórmula general expuesta en páginas anteriores: $R = K.c^2$, es decir, que la resistencia de un cable es, con mucha aproximación, directamente proporcional al cuadrado de la mena.

En la tabla que se presente, aparecen los valores aproximados del factor K para varios de los tipos de cables más utilizados a bordo (tomado de Barbudo, 1990).

TABLA 4.2: Coeficiente de ruptura para diversos tipos de cables. Tomado de Barbudo, 1990.

	COEFICIENTE RUPTURA K.	
	Kg./ cm.2	Lb/pulg.2
6 x 6 Sin galvanizar - Alma cabo	480	6,800
6 x 12 Galvanizado - Alma cabo	320	4,600
6 x 12 Bronco fosforoso - Alma cabo	150	2,100
6 x 24 Galvanizado - Alma cabo	440	6,200
6 x 37 Sin galvanizar - Alma cabo	510	8,000
7 x 7 Resist. Corrosión - Sin alma. Menas pequeñas	700	10,000
7 x 19 Resist. Corrosión - Sin alma. Menas pequeñas	700	10,000
6 x 3x 19 Spring lay	250	3,500

4.2.2. Conservación de los cables.

Varias son las causas que reducen la vida útil de un cable, conocidas las cuales por el utilizador, éste podrá poner los medios para evitarlas. Estas causas son:

4.2.3. Corrosión.- la oxidación en los cables, sobre todo los no galvanizados, se evita

manteniéndolos siempre engrasados. La grasa empleada debe ser lo suficiente líquida para que penetre por entre los alambres, pero no tanto que chorree y se desprenda con facilidad.

El engrase de los cables ha de hacerse cada uno o dos meses, dependiendo de la utilización.

En el caso de cable utilizado en el remolque, se debe engrasar tras haber sido utilizado antes de enrollarlo en el carretel.

4.2.4. Curvatura excesiva.- Al doblar de forma excesiva un cable, los alambres se doblan

también y sufren. Por otra parte unos alambres se curvan más que otros y en consecuencia, se producen rozamientos entre ellos que los debilitan.

No se debe pues permitir que el cable tome cocas. En el momento en que se advierta la posibilidad de una coca, ha de actuarse de la manera indicada en la fig. 4.2. Si el cable es de gruesa mena, es menester el concurso de dos hombres. Especial cuidado ha de ponerse al diseñar aparejos con cables. Si el cable de pasar por una pasteca, la roldana debe ser lo mayor posible en comparación con la mena del cable. Una roldana de poco diámetro originará un excesivo curvado del cable que le producirá daños.

Fig. 4.13. Doblez excesivo de los cables. Tomado de Barbudo (1990).

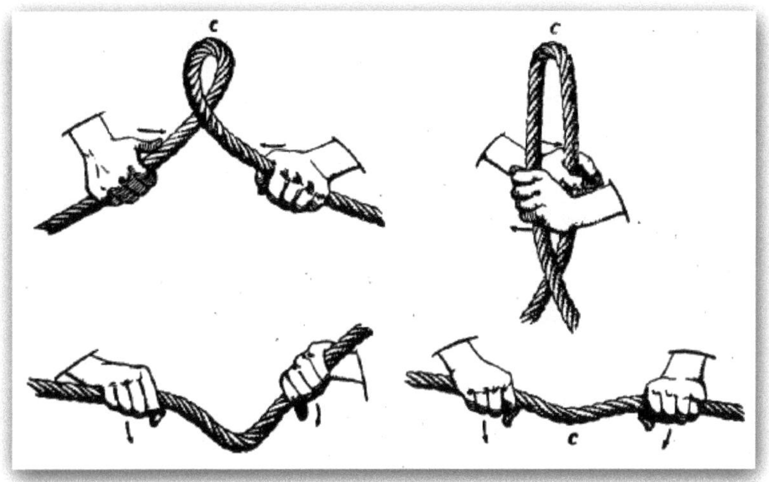

Se considera que el diámetro de la roldana debe ser al menos 20 veces el del cable. UN caso en especial que debe evitarse es aquel en que el cable trabaja por dos roldanas próximas haciendo una S. En estas circunstancias, los rozamientos de los alambres se producen en sentido inverso en un corto intervalo de tiempo. Esto puede producir al cable un daño irreparable.

Cuando se pone un cable nuevo a un aparejo y se le aplica la carga ocurre a veces que, por el desplazamiento interno de alambres y cordones en los pintos de giro, éstos tienden a descolcharse en unas zonas y a colchase más en otras. Para evitarlo, deberá desconectarse la carga permitiendo al cable que ocupe su posición natural. Luego se le conecta la carga de nuevo y al cabo de varias veces, la tendencia del cable a colcharse o descolchase desaparecerá por completo.

Al desarrollar un cable nuevo, debe hacerse de igual manera que como se indicó para los cabos de gran mena, al objeto de que no tomen vueltas. Cuando se toma vueltas a un cabrestante o chigre, no deben montar unas sobre otras pues el cable se debilita.

4.2.5. Esfuerzos excesivos.- Los cables, aunque en menor medida que los cabos, también son afectados por el rozamiento sobre el firme del buque o muelle, que rompe los alambres externos. El cable deteriorado debe ser desechado siempre que en un solo cordón aparezcan rotos al menos el 4% de alambre del total. Veamos un ejemplo:

Un cable 6 x 12 (72 alambres en total) debe ser rechazado siempre que en un solo cordón aparezcan tres alambres rotos.

Cuando el cable trabaja a través de pastecas o motones, ni que decir tiene que no debe rozar en la cajera.

Para trabajar con cables es menester hacerlo con guantes en evitación de daños producidos por algún alambre cortado. Si se comparan con los cabos, se verá que, a igualdad de mena, son de 4 a 10 veces más resistentes que un cabo de abacá. El factor de seguridad empleado al utilizar cables, es un sexto para cargas estáticas y un octavo para cargas dinámicas.

CAPITULO V

SISTEMA DE PROPULSIÓN

Toda embarcación requiere desplazarse por el agua. Usualmente el desplazamiento se realiza por medio de elementos como ruedas de paletas o hélices. Estos elementos generan movimiento en dirección opuesta a la que se desea mover la embarcación. Una fuerza de reacción (porque reacciona a la fuerza de la columna de agua) es desarrollada contra el elemento de velocidad impartida. Esta fuerza, también llamada empuje, se transmite al barco y hace que la embarcación se mueva a través del agua (De la Llana, 2011; Massi, 2006).

El conjunto de elementos que hace que se mueva la embarcación se conoce como "sistema de propulsión" Existen diferentes sistemas de propulsión como: de vela, de vapor, de motor, de propulsión eléctrica, de propulsión nuclear, de turbina de gas y de chorro de agua.

5.1. Buques de vela

Se llaman así porque usan la acción del viento en el velamen como medio de propulsión. En el siglo XVI inició su auge sufriendo continuas transformaciones hasta el siglo XIX (Figura 6.1). Se llegó a construir buques de velas esbeltos y ligeros para alcanzar grandes velocidades, con espacio para la carga, aunque la superficie de su velamen era enorme.

Figura 5.1. Tomado de www.slideshare.net/Joseguerra0929/sistema-propulsuon-de-buque

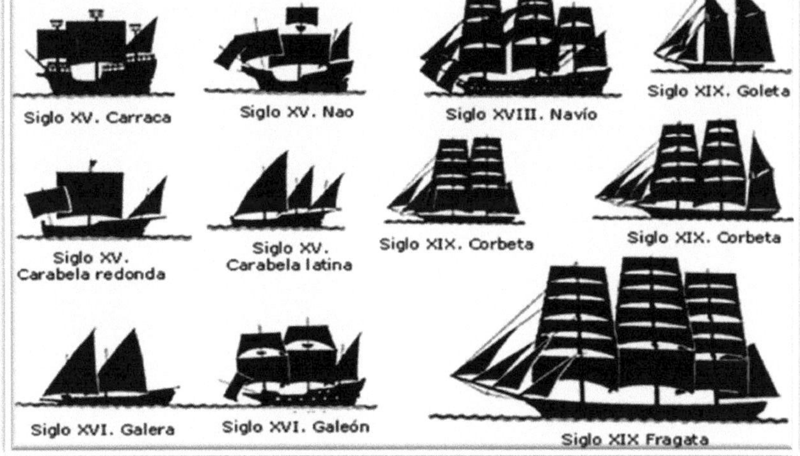

Las embarcaciones de vela desaparición debido, entre otras razones, a la aparición de las embarcaciones con propulsión a vapor, la apertura del canal de Suez, a los Ferrocarriles Transcontinentales y a su limitada capacidad de carga.

5.2. Sistema de propulsión mecánica

Con el avance de la tecnología se ha desarrollo un sistema de propulsión que, con excepción de los barcos de vela, todas las otras embarcaciones siguen el siguiente esquema simplificado y donde básicamente se muestran sus elementos básicos, (Figura 6.2).

Figura 5.2. Esquema general de un sistema de propulsión. http://www.solocruceros.com/propulsioncruceros.asp

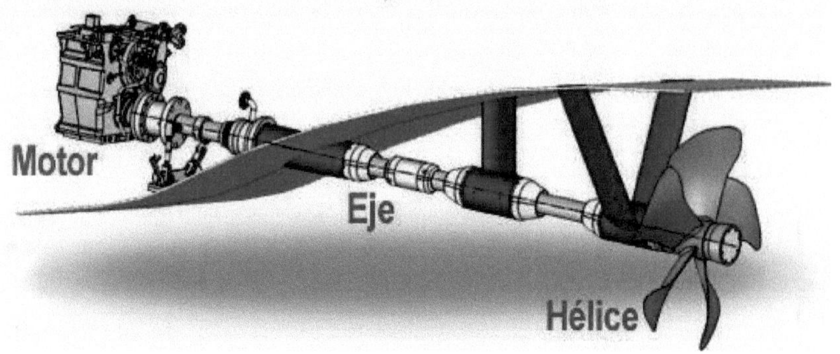

En el esquema se aprecian los tres principales elementos:
1. **Máquina o planta propulsora**: Genera el movimiento. Las utilizadas en la propulsión marina son principalmente de tres tipos, turbinas de vapor, motores Diesel y turbinas de gas.
2. **Propulsor**: o elemento que al girar en contacto con el agua, produce por reacción el movimiento del buque. En la figura se representa el caso más general de una hélice.
3. **Sistema de transmisión**: Es el que transmite el movimiento de la planta propulsora al propulsor. Según el tipo recibe distintas denominaciones, tales como caja de engranes, reductor, reductor-inversor. Suele consistir en una serie de engranajes y en algunos casos tiene embragues. Su finalidad es adaptar las revoluciones de la máquina a las del propulsor para que ambos giren a su máximo rendimiento.

Se exponen a continuación algunas definiciones de elementos relacionados con el sistema de propulsión:

1. *Chumacera*: anillo afirmado a la embarcación que sirve de guía al eje del propulsor.
2. *Chumacera de empuje*: chumacera de diseño especial que absorbe el empuje longitudinal que pueda tener el eje donde está insertada y por lo tanto evita el deslizamiento del mismo.
3. *Túnel*: se llama así a los espacios internos del buque donde gira el eje de la hélice.
4. *Bocina*: la parte final del túnel por donde el eje sale al exterior. Tiene unas prensas para permitir al eje girar, al tiempo que evita la entrada de agua a bordo.
5. *Arbotante*: se utiliza en aquellas embarcaciones en que, a causa de la popa lanzada, el eje se proyecta unos metros hacia afuera. Consiste en una especie de chumacera unida a la bovedilla por soldadura.

Cabe indicar que los veleros de la actualidad son utilizados como buque-escuela y como recreo. Tienen el mismo sistema de propulsión pero con equipos modernos como sistema de navegación, radio, etc.

5.3. Buques autopropulsados

Las primeras embarcaciones mecanizadas con sistema de auto propulsión son los buques de vapor, aunque eran pocos prácticos sirvieron de inicio para el desarrollo de mecanismos más sofisticados cada vez más pequeños, con menor consumo de energía, cada vez más automatizados para facilitar su uso y en los últimos años, ecoamigables. A continuación se describirá cada uno de estos mecanismos, en orden cronológico, es decir, conforme fueron apareciendo en la industria naval.

TIPOS DE COMBUSTIBLES

Toda máquina necesita energía para funcionar. Esta energía se obtiene de los combustibles que pueden ser de origen fósil o nuclear. También necesita de un medio para transformar la energía calorífica del combustible en energía mecánica. Si es de origen fósil se puede hacerse con una de las siguientes formas:

- Quemándolo en un recipiente (caldera) en donde la energía calorífica convierte el agua en vapor, el cual a su vez, actúa sobre una máquina (turbina de vapor) para producir el trabajo mecánico que acciona el propulsor.
- Quemándolo directamente en el interior de la propia máquina que desarrolla el trabajo mecánico, como los motores y de ahí su nombre de máquinas de combustión interna.
- Quemándolo directamente en una zona o cuerpo de una máquina y aprovechando el flujo de gases para mover una turbina (que forma parte de la misma máquina) y es la que efectúa el trabajo mecánico. Es el caso de las turbinas de gas.

Si el combustible es nuclear, la energía se libera al

5.3.1. Buques de vapor: Utilizan un propulsor accionado por fuerza motriz expansiva del agua actuando sobre una turbina. En Estados Unidos, Robert Fulton en 1807, puso en servicio el buque Clermont, el primer barco de vapor completo. A partir de 1818 creció con rapidez la construcción de barcos de vapor.

Los primeros barcos de vapor eran movidos por grandes ruedas de paletas ubicadas en sus costados, pero su funcionamiento era difícil de accionarlas, por eso fueron sustituidas por la hélice de vapor ubicado en popa. En ambos casos tenían un enorme consumo de carbón, su almacenamiento ocupaba todas las bodegas del barco. Posteriormente se introdujeron otros tipos de calderas, luego máquinas de vapor de retroceso y más tarde las de triple expansión lo que redujo considerablemente el consumo de carbón y alcanzaron mayores velocidades. Al introducirse los tubos hidráulicos que permiten el aumento de la presión en las máquinas de vapor se redujo el consumo del carbón y la disminución en el número de calderas. Se construyeron barcos de gran tonelaje que desarrollan altas velocidades y con una sola caldera.

5.3.2. Turbina de vapor.

La turbina es una rueda de paletas en las que al incidir el vapor a alta velocidad producen el giro de la misma debido al principio de acción y reacción. Este giro a través de un adecuado engranaje hará mover la hélice (Figura 5.3).

Figura 5.3. Fuente: http://html.rincondelvago.com/turbinas.html

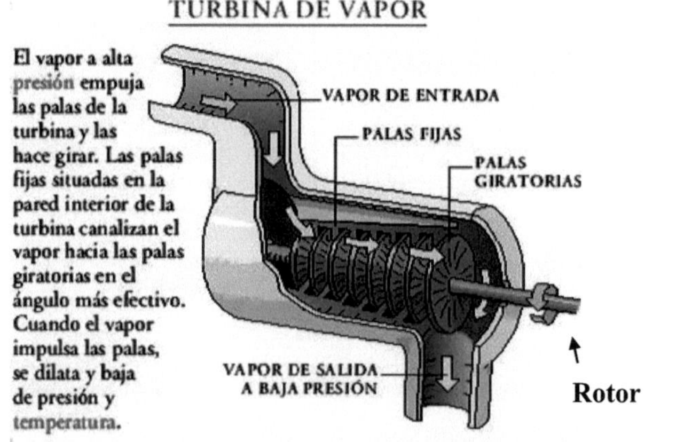

El vapor se genera en la caldera (parte integrante de la planta propulsora) donde el agua se convierte en vapor quemando fuel-oil en los mecheros. Antes se utilizaba el carbón como combustible y modernamente el combustible nuclear sirve a los mismos fines de producir vapor. Las principales partes de una turbina son:

- **Rotor**: Es la parte giratoria del equipo. Es un cilindro metálico macizo, conectado a los álabes de la turbina. Su función es la de transmitir un movimiento giratorio a un alternador para convertirlo en electricidad.

- **Estátor**: Llamado también carcasa. Es la parte exterior de la turbina, es lo único que se ve, recubre todo el sistema de la turbina. Debe estar fijo para que funcione correctamente la turbina.

- **Tobera**: Son conductos, una sección del tubo metálico, a través del cual pasa el vapor.

- **Sellado**: Recubre el estator para evitar fugas del vapor hacia el ambiente y la penetración en el cilindro.

- **Palas móviles**: También conocidas como álabes. Son pequeñas estructuras metálicas conectadas entre sí en forma de corona, cuando el vapor choca contra ellas, las hace girar. Estas están conectadas al rotor. Es donde se expande el vapor

- **Álabes fijos**: Están ensamblados en los diafragmas que forman parte del estator. Su propósito es direccionar el vapor para que empuje los álabes móviles.

- **Diafragmas:** Son discos semicirculares ubicados en el interior de la carcasa, perpendicularmente al eje y que llevan en su periferia los álabes fijos.

Figura 6.4. Fuente: http://lascaldasjsf.blogspot.com/2010/05/la-turbina-de-vapor.html

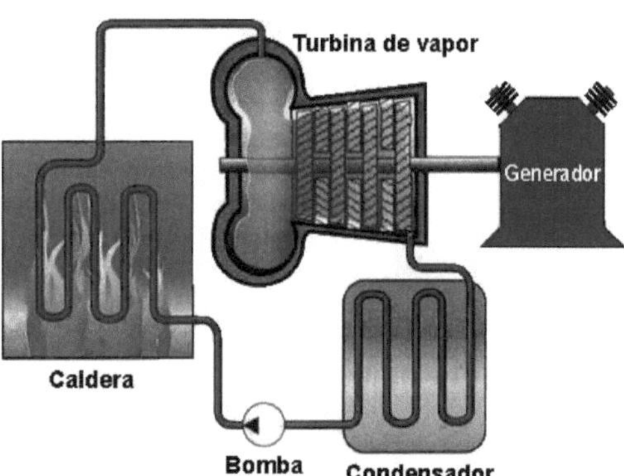

El vapor que sale a alta presión y temperatura de la caldera, que al entrar a la turbina por unas toberas aumenta su velocidad para que, al incidir en las paletas, se origine un gran par de giro. Tras entregar parte de su energía a la turbina, el vapor sale a una presión inferior y se dirige el condensador, donde se enfría con agua de mar condensándose en agua líquida. El condensador consiste en una serie de tubos bañados en su exterior por agua salada y en cuyo interior pasa el vapor. Para completar el ciclo, una bomba retorna el agua a la caldera (Fig. 5.4)

Se controla la velocidad de la turbina variando la presión o cantidad de vapor que incide en la turbina. Una forma es con la válvula de maniobra que regula el paso de vapor. Otra forma es modificando el número de toberas que alimentan de vapor a la turbina. Esta regulación se efectúa dentro de unos límites, si la sobrepasan el rendimiento de la turbina disminuye de manera significativa. Para obtener un gran rendimiento de las turbinas, el tamaño de las aletas debe hacerse más pequeño a medida que la presión del vapor aumenta. Por eso una instalación de turbinas suele tener más de una. Normalmente constan de tres turbinas para la marcha avante (alta presión, baja presión y crucero) y una turbina para la marcha atrás (turbina de ciar). Las cuatro turbinas están acopladas mediante engranajes al eje de la hélice de forma tal que todas se mueven solidarias (Figura 5.5). En cada caso particular, una o varias turbinas producen el esfuerzo y las demás giran arrastradas. Veremos algunos casos para diversos regímenes de revoluciones:

Figura 5.5. Fuente: http://www.monografias.com/trabajos93/propuesta-instalacion-central-termoelectrica/propuesta-instalacion-central-termoelectrica2.shtml

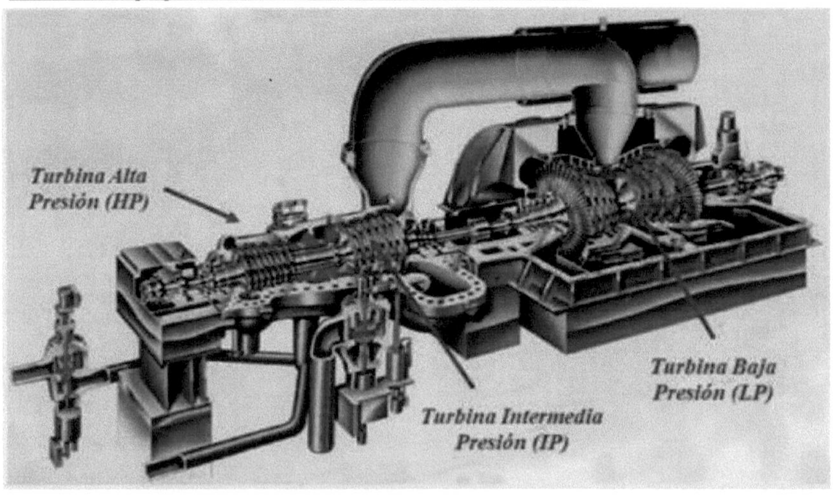

1. **Régimen de alta velocidad**: El vapor procedente de la caldera llega a alta presión e incide en las paletas de la turbina de alta. Tras producir el giro de ésta, disminuye de presión y velocidad y entra en la turbina de baja a la que también empuja. A continuación el vapor llega al condensador. El esfuerzo combinado de las turbinas de alta y baja hace mover el eje de la hélice, mientras las turbinas de crucero y de ciar son arrastradas.

2. **Régimen de velocidad media o de crucero**: El vapor que viene a presiones intermedias incide en la turbina de crucero y tras moverla va a parar al condensador. El resto de las turbinas son arrastradas.

3. **Régimen de baja velocidad o de maniobra**: En este caso el vapor a baja presión y velocidad incide sobre la turbina de baja, produciendo potencias pequeñas. El resto de las turbinas están arrastradas.

4. **Régimen de marcha atrás o de ciar**: Ahora es la turbina de ciar sobre la que incide el vapor. Esta turbina es idéntica a la anterior, pero gira al contrario. Ahora las demás turbinas van arrastradas por la de ciar. La turbina de ciar, por su tamaño, no permite desarrollar gran potencia.

Si se aplica la máxima potencia de vapor a la turbina de ciar, el rendimiento obtenido es muy pobre. En comparación con la marcha avante, a igualdad de potencia aplicada a la turbina, se obtiene en el eje un tercio de las revoluciones.

Es evidente que para controlar las revoluciones de la hélice, se debe actuar sobre la disposición de las turbinas, el número de toberas y la cantidad de vapor que incide en ellas. Además, es preciso actuar en la caldera para que la presión no varíe en exceso, debido a un cambio de régimen. En instalaciones modernas, el control de las revoluciones está automatizado electrónicamente.

Para aumentar el rendimiento, se utiliza el llamado vapor recalentado. Este se obtiene del calentamiento posterior del vapor saturado que es el que sale de la ebullición del agua. El vapor saturado tiene partículas de agua en suspensión, mientras que el recalentado tiene propiedades más próxima a un gas perfecto, por cuya razón el rendimiento al utilizarlo mejora grandemente. El vapor saturado se introduce por unos tubos llamados recalentadores, los que en contacto con el hogar de la caldera, elevan la temperatura del mismo y lo convierten en recalentado. De aquí el vapor se encauza a mover las turbinas con un mayor rendimiento y ahorro de combustible. La utilización de los recalentadores tiene el inconveniente de que no permite cambios bruscos en el régimen de revoluciones.

Resumiendo, las características principales de la planta propulsora con turbinas de vapor son:

- Desarrollo de grandes potencias (de 35.000 a > 100.000 CV), aunque con rendimientos muy bajos.
- Instalaciones muy pesadas y voluminosas por sus muchos elementos auxiliares (bombas, motores, etc.).
- Aceleraciones y desaceleraciones bajas para pasar de un régimen a otro de revoluciones. Necesitan el concurso de mucho personal para cambiar de régimen.
- La gama de revoluciones que puede dar, va desde cero hasta la máxima.
- El sistema suele ser robusto y simple en su mantenimiento
- La puesta en marcha de la instalación requiere mucho tiempo, por encima de 3 horas.

5.3.3. Buques de motor:

El desarrollo del motor de combustión interna a finales del siglo XIX y el desarrollo de los motores diesel, posibilitaron el diseño de plantas generadoras de potencia que son mucho más útiles que las plantas de vapor convencionales. Con estas máquinas se consume menos combustible posibilitando el transporte de mayor volumen de cargo.

Las primeras embarcaciones propulsadas con diesel que fueron construidas a inicios del siglo XX fueron pequeñas, pero en los años posteriores a la Primera Guerra Mundial se construyeron grandes Trasatlánticos de motor. Se siguen desarrollando nuevos modelos para conseguir un transporte más rápido.

5.3.4. Los motores.

Los motores pueden clasificarse según su ubicación en la embarcación; el combustible que utilicen para su funcionamiento o la cantidad de ciclos.

Según su ubicación:
- Dentro de borda

- Fuera de borda
- Dentro-fuera de borda

Según el combustible
- Motores a explosión - Nafta
- Motores a ignición - Gasoil

Según los ciclos
- Motores de dos tiempos
- Motores de cuatro tiempos.

5.3.5. Funcionamiento de un motor

La principal pieza de los motores a combustión es el cilindro. Allí es donde ocurre la inflamación del combustible. Para ello, es necesario introducir, además de combustible, aire y luego generar calor, ya sea mediante una chispa (motores a nafta) o compresión (motores diesel).

En los motores a nafta, la mezcla de combustible y aire se realiza fuera de los cilindros por carburación, si se administra por separado se denomina motores a inyección. La explosión del combustible la produce una chispa generada por una bujía dentro del cilindro.

En los motores diesel el combustible y el aire se administran por separado y se regula por una bomba inyectora. En el cilindro el combustible combustiona por aumento de la presión y la temperatura.

Ambos motores son muy similares, excepto que en el cilindro del motor a nafta, en el tiempo de aspiración ingresa una mezcla de aire y nafta pulverizada; mientras que el diesel aspira solamente aire.

5.3.6. Motores interiores a nafta

Entre los más comunes son los motores interiores de CUATRO TIEMPOS a nafta. Están formados por uno o varios cilindros dentro de los cuales se realiza la explosión de la mezcla de aire y nafta previamente dosificada por el carburador, esta enorme fuerza expansiva se convierte en energía mecánica por el mecanismo de biela y manivela.

La mayoría de los motores son de cuatro cilindros, en menor proporción son los de seis, ocho, dos, uno, tres y doce cilindros. Dentro de cada cilindro, ajustado a sus paredes, se mueve arriba y abajo un pistón que por una biela articulada en ambos extremos se enlaza a la manivela del cigüeñal, que transforma el movimiento rectilíneo en un giro. Es semejante al movimiento realizado sobre el pedal de una bicicleta, el movimiento rectilíneo de la pierna se transforma en un movimiento circular a través del pedal.

¿Cuáles son sus partes?:

- Conducto de admisión
- Bujía
- Codo del cigüeñal
- Conducto de escape
- Biela
- Pistón
- válvulas
- Volantes

Figura 5.6. Fuente: www.nauticexpo.es

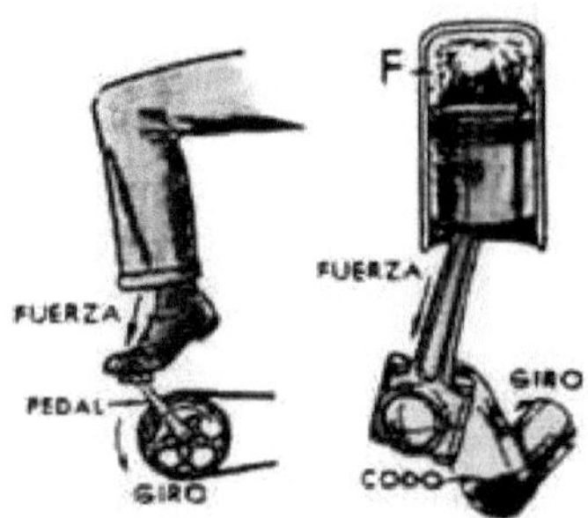

¿Cómo funciona un cilindro? Cuando el pistón (p) se encuentra en su parte más alta, la explosión de la mezcla de aire y gasolina lo desplaza con fuerza hacia abajo y su movimiento rectilíneo se convierte, por medio de la biela (h) en un giro del cigüeñal (C), el pistón enlazado a él por la biela tendrá que moverse arriba y abajo dentro del cilindro. La posición más baja del codo del cigüeñal corresponde a la más baja del pistón y se llama punto muerto inferior (p.m.i.) y a su vez la más alta punto muerto superior (p.m.s.). El recorrido del pistón del p.m.s., al p.m.i. se llama carrera.

Figura 5.7. Fuente: www.nauticexpo.es

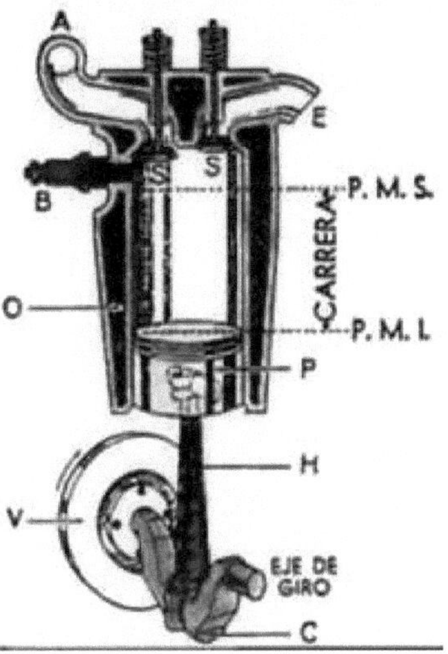

Unido al cigüeñal existe un rueda pesada llamada volante (v) y que por su inercia obliga a continuar el movimiento de giro al mismo y por consecuencia de sube y baja del pistón. En la tapa del cilindro existen dos conductos: uno de admisión y otro de escape. Por el conducto de admisión (A) se introduce la mezcla y por el de escape (E) se evacua al exterior la mezcla cuando se ha quemado. Estos dos orificios se cierran con válvulas (S). En el cuerpo del cilindro está roscada una bujía (B) con su electrodo en contacto con la cámara del cilindro que provoca una chispa en el momento oportuno para detonar la mezcla. El funcionamiento del pistón, con la biela y cigüeñal.

5.3.7. Ciclo de cuatro tiempos

Debemos suponer que el motor está girando; para que el motor funcione por sí solo, sin la ayuda del motor de arranque ni la manivela para arranque manual, el pistón debe cumplir cuatro recorridos, dos de arriba hacia abajo y dos de abajo hacia arriba. En cada uno de ellos ocurre dentro del cilindro una operación distinta. Por ello se le denomina de CUATRO TIEMPOS o de Otto que fu su inventor

Figura 5.7. Fuente: http://www.sbaysite.com/sciences_ingenieur/2Module/transmettre/transmettre%20l'energie.htm

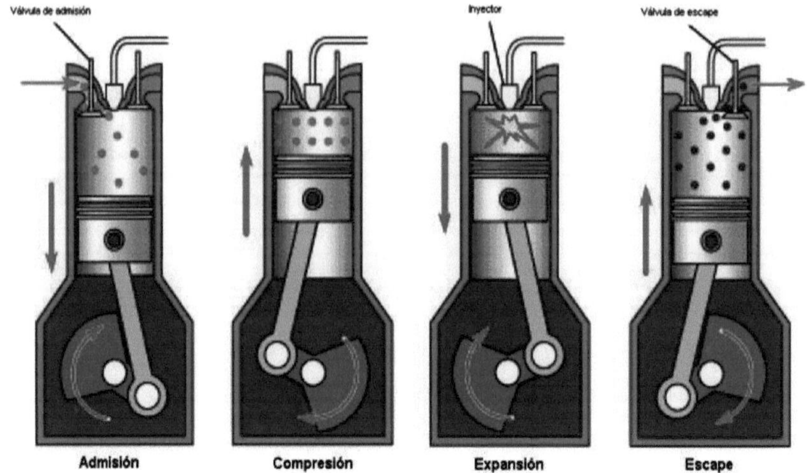

Primer tiempo: Admisión

El pistón está en el PMS (punto muerto superior) y comienza a descender, en este momento se abre la válvula de admisión y los gases producto de la mezcla de nafta y aire provenientes del carburador, son aspirados por el pistón que desciende, y van llenando el cilindro. Cuando el cilindro llega al PMI (punto muerto inferior) se cierra la válvula de admisión. Durante este tiempo el pistón bajó del PMS al PMI y el cigüeñal dio media vuelta.

Segundo tiempo: Compresión

El pistón sube desde el PMI al PMS y las dos válvulas están cerradas. Los gases que llenan el cilindro van ocupando un espacio cada vez más reducido, comprimiéndose hasta llegar al PMS; el espacio que queda en este punto de llama cámara de compresión. Durante la compresión el pistón subió del PMI al PMS y el cigüeñal dio otra media vuelta. Por haberse comprimido la mezcla, como todos los gases, eleva su temperatura. Estas condiciones mejoran la explosión que se realizará inmediatamente.

Tercer tiempo: Explosión

En el momento que los gases están fuertemente comprimidos y con mayor temperatura en la cámara de compresión o explosión salta en la bujía (B) la chispa que provoca la explosión.

La fuerza lanza al pistón del PMS al PMI transmitiéndose por la biela al cigüeñal y por ende un fuerte impulso al volante del cual es solidario. En esta fase las dos válvulas permanecieron cerradas y el cigüeñal dio una tercera media vuelta.

Cuarto tiempo: Escape

Al iniciarse este tiempo, el pistón está en su PMI, la válvula de escape se abre, y el pistón al subir empuja los gases quemados, expulsándolos al exterior por el caño de escape. Cuando el pistón llega al PMS la válvula de escape se cierra. En esta carrera el cigüeñal giró otra media vuelta.

Cuando el pistón empieza a bajar de nuevo desde el PMS se abre la válvula de admisión y se repiten todas las fases anteriores, mientras el motor esté funcionando. El conjunto de las cuatro operaciones se llama ciclo de cuatro tiempos. Como a cada tiempo del motor corresponde media vuelta del cigüeñal, el ciclo se realiza en cuatro medias vueltas.

Figura 5.8. Fuente:
http://www.sbaysite.com/sciences_ingenieur/2Module/transme
ttre/transmettre%20l'energie.htm

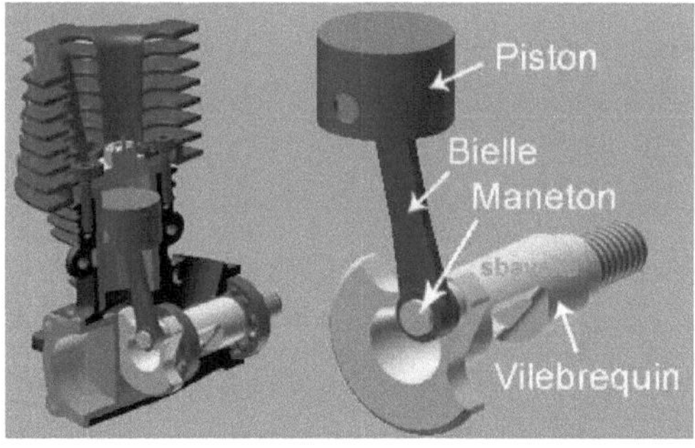

La potencia de un motor depende de la cantidad de mezcla que haga explosión en el cilindro, si se emplea un solo cilindro este deberá ser de grande porque requiere mayores potencias; por ello estos motores están limitados en su potencia y el volante deberá ser muy pesado para con su inercia alcanzar el ciclo completo de cuatro tiempos. Tampoco puede evitarse las vibraciones y sacudidas durante su funcionamiento, porque no puede equilibrar las grandes masas de pistón y biela en su movimiento. Esta potencia se puede lograr con varios cilindros más pequeños con marcha más regular, porque el cigüeñal recoger todo el esfuerzo motor no de una sola vez cada dos vueltas, lo recibirá a lo largo de esas dos vueltas repartido en tantos impulsos como cilindros haya. Además, porque son varias las piezas en movimiento y del mismo peso, todas las bielas y pistones, podrán contrapesarse mutuamente en todo momento de rotación.

En la práctica, el funcionamiento del motor se realiza con una ligera variación: las válvulas de admisión y escape no se abren y cierran exactamente al alcanzar el pistón sus puntos muertos. En la mayoría de los motores, sobre todo los modernos, existe un cierto avance a la apertura de admisión (AAA), es decir que la válvula de admisión se abre antes de que el pistón llegue al p.m.s.

Por último, la válvula de escape se cierra, con un pequeño retraso al cierre del escape (R.C.E.). La razón de estas cotas o variaciones respecto a los puntos muertos es conseguir prácticamente el mejor vaciado de gases quemados y el llenado más completo de gases frescos, o sea que el motor respire bien para dar la mayor potencia posible.

6.3.8. El motor Diesel.

Es un motor térmico que funciona según el ciclo termodinámico de igual nombre. La diferencia con respecto a otro tipo de motores de explosión es que los diesel comprimen fuertemente el aire aspirado hasta alcanzar una temperatura que permite el encendido espontáneo del combustible al ser inyectado. Son las plantas más comunes en los barcos (90% del total), debido a su economía de funcionamiento y flexibilidad de opciones.

- Diesel lento. Trabajan hasta 400 rpm y suelen ser los que desarrollan la mayor potencia. La lentitud del régimen de rpm se debe al límite que impone la inercia de sus enormes partes móviles. Suelen ser reversibles, requiriendo la parada del motor (rápido, medio, lento).
- Diesel semirápido y rápido. Trabajan entre 400 y 900 rpm los primeros y hasta 2000 rmp los segundos. Son notablemente más pequeños que los anteriores al bajar su relación peso potencia hasta los 3 Kg/CV, frente a los 20 Kg/CV de los lentos. Su rango de potencias es también menor, cubriendo una gama hasta aproximadamente 8000 CV.

Los motores, por regla general, tienen varios cilindros que determinan la potencia a desarrollar. El número de cilindros va desde cuatro en pequeñas embarcaciones, hasta 16. Cuando el motor Diesel está girando, el empuje debido a las combustiones lo mantiene girando. Sin embargo, partiendo de un motor parado, para ponerlo en la posición inicial de giro, es preciso un medio externo que lo arranque. Este medio externo puede ser un motor auxiliar eléctrico, aunque el caso más utilizado en la propulsión naval es el arranque por aire a presión.

Para arrancar el motor se inyecta aire a cada cilindro, siguiendo una secuencia adecuada por intermedio de unas válvulas existentes en cada uno de ellos. Al propio tiempo el combustible es aplicado a los inyectores en el momento preciso.

La mayoría de los motores modernos tienen un sentido único de giro y la inversión de la hélice se obtiene mediante embragues apropiados. En algunas instalaciones, sin embargo, el motor puede girar en ambos sentidos. Para cambiar el giro se actúa sobre los ejes de camones que mueven las válvulas. La maniobra con este tipo de motores es, lógicamente más lenta, pues el tiempo para cambiar el sentido de la marcha es apreciable. Cuando se maniobra con estos motores, conviene estar atento al consumo del aire de arranque. En efecto, el aire para el arranque proviene de unas botellas que se cargan mediante un compresor movido a su vez por el motor. Puede suceder que en una maniobra se arranque muchas veces avante y atrás, sin que el motor esté en marcha el suficiente tiempo para que el compresor cargue las botellas. Llegado este caso, está claro que no se puede arrancar más el motor.

Las revoluciones del motor y con ello la potencia desarrollada por el mismo, se pueden variar fácilmente modificando la cantidad de combustible y aire suministrados. Cuando más rica es la mezcla, más potencia entrega. Esta es una ventaja importante con respecto a las turbinas de vapor. Como desventaja del motor de combustión es preciso señalar que gira a unas revoluciones mínimas, por debajo de las cuales se para. Este es un inconveniente para maniobrar, pues la potencia mínima disponible suele ser alta. El resumen de las cualidades que caracterizan el motor Diesel en comparación con otro tipo de máquinas es el siguiente:

- Las potencias desarrolladas son bajas (entre 250 y 25,000 CV)
- El tamaño de las instalaciones por unidad de potencia es menor que en las turbinas de vapor, pero mayor que en las turbinas de gas
- El tiempo para poner la planta en funcionamiento suele ser pequeño
- Cualquier régimen de revoluciones se alcanza de forma prácticamente instantánea, con el inconveniente de que la velocidad mínima es alta

- El mantenimiento requiere mayor precisión y personal especializado que en la turbina de vapor.

El motor diesel marino se refiere a un motor diesel que sirve como el motor principal o auxiliar en un barco. Existen dos grandes grupos los utilizados en la marina comercial o militar, que suelen ser grandes motores diseñados a propósito con ese fin. Los barcos pequeños o embarcaciones pueden utilizar pequeños motores diesel, con características son muy similares a las de los motores de vehículos terrestres pero con alguna modificación para adaptarlos al ambiente marítimo.

Los motores diesel marinos pueden funcionar con gasóleo, aceite pesado combustible o gas natural. Hasta el final de 2006 fue también la orimulsión como combustible.

Tipos:

- Para medianas y grandes buques de carga (petroleros, graneleros y portacontenedores), El rango de velocidad de estos motores es de entre 60 y 250 revoluciones por minuto. Su trabajo de operación es de dos tiempos con una compresión comparativamente baja. Son reversibles y actúan directamente sobre la hélice, por lo que no requiere de engranaje de reducción de velocidad. Hay versiones de 4 a 14 cilindros de hasta 100 MW. Las oscilaciones a bajas velocidades son menores que en los otros tipos.
- Velocidad media, motores diesel de cuatro tiempos con rango de velocidad de hasta 1200 revoluciones por minuto. Son de dimensiones pequeñas y medianas. Los usan buques de carga, buques de pasaje y en buques de guerra. Dependiendo del tamaño tienen hasta 20 cilindros. Desarrollan una potencia de 100 a 2150 kW. Estos motores requieren un engranaje reductor o generador de accionamiento para la propulsión diesel-eléctrico, a menudo en combinación con hélices de paso variable o de propulsión de chorro de agua. Otro uso importante de los motores diesel turboalimentados es la producción de electricidad a bordo. La unidad generador diesel auxiliar que gira a una velocidad única constante.
- Alta velocidad de hasta 2000 rpm. Lo usan buques para navegación interior, así como embarcaciones deportivas y de recreo.

En motores en línea, los cilindros están dispuesto uno después del otro (en serie). El número del cilindro se empieza a contar desde el lado del volante de inercia. En motores en V, los cilindros forman un ángulo entre sí de entre 15 ° y 180 °, pero usualmente 40 a 90 ° (de acuerdo con el número de cilindros).

5.3.9. Transmisión:

Existen principalmente tres formas de transmitir la potencia del motor a la hélice.

Transmisión directa: Se trata de conectar de una manera rígida el motor a la hélice mediante un eje. El motor debe ser detenido, mover el árbol de levas, y volver ponerlo en marcha para el reverso. Otra posibilidad es que la hélice para cambiar la velocidad de la embarcación y la dirección de avance, varié el ángulo de inclinación de las palas. El motor gira a una velocidad constante. Esta velocidad puede ser mayor que la adecuada de la hélice. Por lo tanto, la velocidad debe ser reducida en tal caso con una transmisión. Para la velocidad de la hélice es crucial el diámetro y el paso junto a la cavitación. La cavitación es el colapso (implosión) de burbujas de vapor, que puede causar daño a las superficies de las palas.

Transmisión reductora: Se aplicación en motores de alta y media velocidad, en el que se debe reducir la velocidad del motor para adecuarla a la de la hélice. Los engranajes se utilizan con acoplamientos conmutables y tomas de fuerza para el generador del buque. En motores no reversibles existe engranaje de inversión para invertir la rotación de la hélice. También existen combinaciones de engranajes y hélices.

Transmisión eléctrica: El accionamiento diesel-eléctrico, generalmente un motor de cuatro tiempos, mueve un generador que proporciona energía para el motor de tracción, que a su vez mueve las hélices. Existe una variante particular el sistema de multi-motor, habitual en buques de pasajeros. Las unidades generadoras individuales se pueden instalar en cualquier punto de la nave. Los generadores se puede apagar y encender de forma individual. Se puede dar mantenimiento y reparar mientras el buque navega en el mar.

5.4. Buque de propulsión eléctrica:

Son aquellas que emplean generadores eléctricos o de baterías de acumuladores para mover su propulsor. Estos sistemas se caracterizan por su bajo nivel de ruido y vibraciones, seguridad, redundancia, bajo consumo de combustible, poca contaminación y una alta flexibilidad de la instalación. Estas ventajas ha impulsado el aumento de este tipo de sistema de propulsión en barcos de diversos tipos.

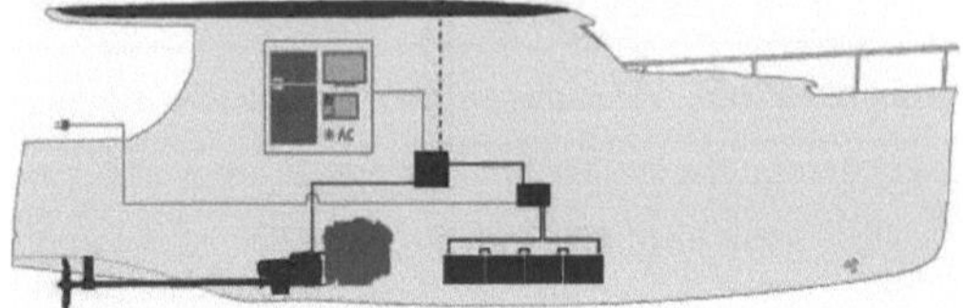

Figura 6.9. Buque de propulsión eléctrica. http://movidasinternetianas.wordpress.com/2011/08/23/barcos-sostenibles-los-yates-hibridos-de-greenline-hybrid/

5.5. Buques de propulsión nuclear:

Emplea un reactor nuclear como fuente de energía. Este sistema es más utilizado en submarinos de guerra debido a que el excesivo consumo de oxígeno impide la utilización de motores diesel en los submarinos convencionales, que navegan con propulsión eléctrica, son lentos y de poca autonomía. Tras la Segunda Guerra Mundial la armada de Estados Unidos ha construido la mayoría de sus buques con este sistema de propulsión.

Figura 5.10. Fuente http://www.taringa.net/posts/noticias/5690732/Argentina-construira-un-submarino-nuclear.html

96

5.6. Buques de chorro de agua:

Son aquellos cuya fuerza de propulsión se produce al expeler agua a elevada velocidad por una tobera, también conocidos como Hidrojest aspiran agua a través de las correspondientes bocas de admisión y luego la expulsan a alta presión, con lo cual impulsan la embarcación hacia delante.

Uso de combinación de sistemas de propulsión:

En la actualidad se está experimentando la combinación de sistemas de propulsión con el fin de abaratar costos y mejorar la eficiencia de la propulsión de las embarcaciones. Así, la empresa australiana Solarsailor ha construido de paneles solares para propulsar, por energía eólica y solar. Igualmente emplean tecnología para fabricar motores que combina energía eléctrica procedente de todas las fuentes (solar, eólica, redes eléctrica…) con la obtenida de combustibles fósiles o alternativos; aprovechando el viento ahorra entre 20 y 40% del costo de combustible con vientos favorables; el sol proporciona un 5% de las necesidades energéticas de cada buque. Los paneles de aluminio, tiene 30m de altura y son similares a las alas de un avión jumbo. Funcionan con un ordenador conectado al sistema de navegación del buque y con sensores que los giran automáticamente para captar el viento desde el mejor ángulo para logar la máxima eficiencia solar y eólica. Esta misma empresa ha construido un buque futurista impulsado por velas solares, utiliza la fuerza del viento y la energía solar (reduciendo hasta en un 50% las emisiones de gases invernadero) según el clima lo permita para alimentar a sus motores eléctricos que le proporcionan una velocidad de hasta 20 nudos.

Figura 5.11. Buques de diseño combinado. Estas imágenes fueron tomados del sitio de internet: www.maquinasdebarcos.blogspot.com/2009/03/sistemas_de_propulsion-en-los-buques.html

Rendimientos

Primero veamos algunas definiciones necesarias para el presente aspecto:

- Potencia indicada (IHP = Indicated Horsepower) es la potencia del ciclo térmico del motor.

- Potencia al freno (BHP = Brake Horsepower) es la potencia del motor, medida en el acoplamiento del motor al eje (por medio de un freno).

- Potencia en el eje (SHP = Shaft Horsepower) es la potencia transmitida a través del eje (medida con un torsiómetro tan cerca de la hélice como sea posible)

- Potencia entregada a la hélice (PHP = Propeller Horsepower) es la potencia entregada a la hélice (descontando las pérdidas en el eje de la anterior)

- Potencia de empuje (THP = Transformed Horsepower) es la potencia transformada por la hélice (se obtiene descontando su rendimiento de la potencia a la hélice)

- Potencia efectiva o de remolque (EHP = Effective Horsepower) es la

> **TIPO DE INSTALACIONES DE PROPULSIÓN**
>
> 1. - Propulsión a vapor (combustible fósil)
>
> - Generación del vapor:
>   - Caldera de tubos de agua, con o sin circulación forzada o con hogar presurizado
> - Máquina propulsoras:
>   - Turbinas de vapor
>   - Propulsión turbo.-eléctrica
>
> 2.- Propulsión por máquinas de combustión interna:
>
> - Motores diesel de dos o cuatro tiempos:
>   - Lentos directamente acoplados
>   - Semirrápidos y rápidos engranados
> - Disposición diesel eléctrico
>   Ocasionalmente se usan motores de explosión como en embarcaciones deportivas
>
> 3.- Propulsión por turbinas de gas:
>
> - Solas con reductor de engranajes
> - Disposición turbinas de gas-eléctrica
>
> 4.- Propulsión nuclear

potencia que realmente se emplea en mover el barco o la potencia que sería necesario emplear para remolcar el barco a la velocidad de proyecto (puede obtenerse descontando de la anterior las pérdidas debidas a la forma del barco, apéndices, etc.)..

- Rendimiento del motor (η_{Motor}): Nos indica su eficacia en convertir la energía generada en los pistones en potencia mecánica. Expresado como fórmula es: $\eta_{Motor} = \dfrac{BHP}{IHP}$

- Rendimiento mecánico de la línea de ejes (η_{m}): El rendimiento del motor nos indica su eficacia en convertir la energía generada en los pistones en potencia mecánica. Expresado como fórmula es: $\eta_{m} = \dfrac{PHP}{BHP}$

- Rendimiento propulsivo (η_{p}): Este rendimiento nos da idea de eficacia propulsiva del proyecto y se compone de cuatro factores, el rendimiento del casco ((η_{h}), el rendimiento del propulsor (η_{o}), el rendimiento rotativo relativo (η_{rr}) y el rendimiento mecánico de la línea de ejes (η_{m}).

$$\eta_p = \eta_h \cdot \eta_o \cdot \eta_{rr} \cdot \eta_m = \frac{EHP}{BHP} = \eta_m \frac{EHP}{PHP}$$

La necesidad de obtener el valor del rendimiento propulsivo está en la determinación de la potencia del motor (BHP), básica para el proyecto de una embarcación. Para su determinación experimental son necesarios tres tipos de ensayos:

1. Ensayo de remoque para la determinación de la curva del coeficiente de resistencia (C_T) – velocidad del modelo y extrapolación de estos datos a la escala del buque.

$$C_T = \frac{R}{\frac{1}{2}\rho S V^2}$$

Donde R es la resistencia al avance, ρ es la densidad del agua, S el área mojada del modelo o buque, según corresponda y V es la velocidad del modelo o buque. La teoría clásica supone que:

$$C_T^{Modelo} = (1+k)C_F^{Rn^{Modelo}} + C_R^{Fn^{Modelo}}$$

$$C_T^{Buque} = (1+k)C_F^{Rn^{Buque}} + C_R^{Fn^{Buque}}$$

Donde k es el factor de forma y,

$$C_F = \frac{0,075}{(\log_{10}(Rn) - 2)^2} \,, Rn = \frac{\rho \cdot V \cdot L}{\mu} \,, Fn \frac{V}{\sqrt{g \cdot L}}$$

5.7. Propulsor:

Es el último elemento de la cadena de propulsión y el encargado de mover la embarcación mediante la potencia suministrada por el sistema de propulsión.

La hélice es el propulsor más común y viene a ser un tornillo que al girar (accionado por el eje propulsor) va enroscándose en el agua y, al igual que sucede con un tornillo cualquiera, avanza y produce el movimiento del barco al que está fijada por medio de una chumacera de empuje, sobre la cual se produce el impulso hacia delante (avante) o atrás según el sentido de giro de la hélice. La hélice, con todos sus defectos, es el propulsor por excelencia, susceptible de ser utilizada en buques de todos los tamaños y aplicaciones.

Figura 6.12. Fuente: http://www.zonamilitar.com.ar/foros/threads/hms-queen-elizabeth-primer-bloque-construido.21615/

Otras formas de propulsión, es el chorro de agua. Consiste en lanzar, por medio de un sistema de bombas, una masa de agua hacia atrás a través de un conducto tipo tobera. Para dar marcha atrás es necesario dotar de un desviador a la salida del chorro, para que el chorro salga hacia delante, haciendo que el barco que desplace hacia atrás.

Los propulsores Voith-Schneider que permiten vectorizar su empuje en los 360° con lo cual la embarcación en que se instala puede maniobrar con toda precisión avante, atrás o desplazarse lateralmente en cualquier dirección. Se utilizan en remolcadores, cazaminas y en general en embarcaciones pequeñas que necesitan una excelente maniobrabilidad y que no requieren el uso de grandes potencias propulsoras.

CAPITULO VI

LAS EMBARCACIONES MENORES

Se denomina Embarcaciones menores a las naves que lleva un buque, y/o que se utilizan como medio de transporte entre los buques o bien entre éstos y los muelles. También incluyen aquellas embarcaciones que se emplean en faenas de atraque y maniobra de buques en puertos. En las embarcaciones pesqueras, las embarcaciones menores tienen otra connotación, pues además que pueden constituir embarcaciones auxiliares para la ejecución de las faenas de pesca, de acuerdo a la legislación actual son un tipo de embarcaciones pesquera intermedia entre embarcaciones artesanales y las industriales y cuyas características señaladas por el Estado.

6.1. Clasificación

Atendiendo a su propulsión, éstas pueden moverse a vela, a remo o motor:

6.1.1. Lancha a vela: son embarcaciones pequeñas que pueden ser a remo o motorizadas, a las cuales se les coloca velas para aprovechar así la fuerza del viento. Tiempo atrás se usaba para servicios auxiliares dentro de los puertos, para el transporte de cabotaje entre puertos cercanos o para proteger el acceso a los puertos. En la actualidad ya no se observa en los puertos pesqueros de nuestro país.

Figura 7.1. Fuente: http://bertan.gipuzko
akultura.net/23/argazkiak/g/184.jpg

7.1.2. Botes de doble bancada: Son embarcaciones a remo. Se caracterizan por que tienen manga y eslora pequeñas y porque son muy sólidas y resistentes. Llevan dos bordas por bancada o tablas atravesadas para que cumplan la misma función, el llevar personal dentro de un puerto. Es común en los puertos pesqueros del Perú. Suelen llevar a los pescadores u otro tipo de personal desde el muelle hasta la zona de estacionamiento de las embarcaciones pesqueras y viceversa, por lo general están a una distancia de alrededor de unos 100 a 200 metros. En nuestro medio suelen fabricarse de madera.

Figura 6.2. Fuente:

http://es.wikipedia.org/wiki/Bote

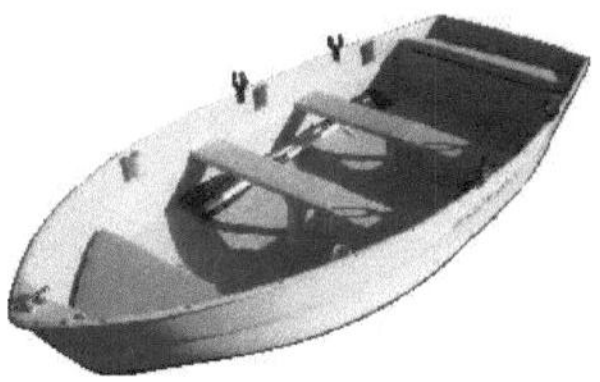

6.1.3. Lancha a motor o motores: Es un tipo de embarcación menor que lleva motor a combustión interna para su propulsión, por lo general del tipo de fuera de borda. Hay de varios tipos, desde los usados en la marina para personal oficial y tripulación, también están los deportivos muy modernos. En el sector pesquero también se usan especialmente en la pesca para la captura de mariscos mediante buzo, para la pinta con cordel, típico de la pesca artesanal, no suelen contar con ningún equipo de pesca ni de comunicación. Suelen pescar cerca de la costa.

Figura 6.3. Fuente: http://es.wikipedia .org/wiki/Lancha_motora

7.1.4. Canoas: Son embarcaciones a remo de bancada sencilla. Son las más primitivas y simples de las embarcaciones. Suelen ser de tamaño pequeñas, de forma puntiaguda en la proa, algunas también lo son en popa. No suelen tener cubierta ni asientos. Siempre se mueven por remos, pudiendo tener varios pares, lo cual depende del número de personas a bordo que hagan esa labor.

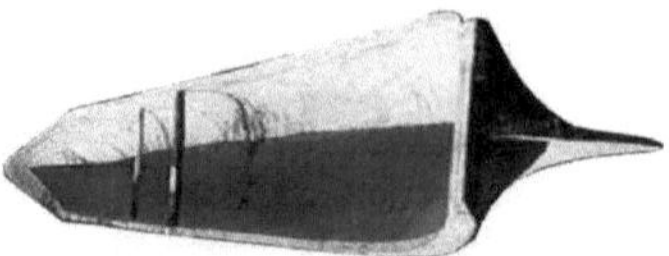

6.1.5. Chalupas: Embarcaciones muy similares a las canoas. Se diferencian porque su popa es de forma fina y muy similar a la proa. Este tipo de embarcación se usaba para rescate. Con este término también son conocidas las embarcaciones utilizados en ríos y lagos tanto en nuestro país como en otros países de Latinoamérica. Inicialmente estas tenían eslora de hasta nueve metros y eran propulsados a remo, en la actualidad la mayoría usan motores.

Figura 7.5. Fuente: http://www.nautica avinyo.com/178-laud-decoracion

6.1.6. Chinchorro: Son embarcaciones que se caracterizan porque tienen una resistencia media entre un bote de doble bancada y una chalupa. Son toscas en sus líneas, tiene doble bancada y generalmente son de 4 remos. Este tipo de embarcación se convierte en embarcaciones auxiliares cuando son usadas por embarcaciones grandes. En general tienen diversos usos a bordo, por ejemplo, acarreo de víveres, etc.

6.1.7. Bote salvavidas: Son los botes de doble bancada o chalupas que llevan cajones de aire a los costados y parte alta de la embarcación. Las embarcaciones grandes de todo tipo (comerciales, de pesca y de guerra) están obligadas a llevarlas en proporción a las personas que tiene proyectado llevar a bordo. Suelen tener en compartimientos especiales víveres y otros utensilios necesario para sobrevivir por pocos días. Los botes salvavidas modernos tienen diversos modelos.

6.1.8. Balsas: Generalmente son plataformas de madera apoyadas en dos flotadores que se utilizan en la limpieza del casco, alquitranado de las cadenas, de las anclas y rejeras, etc.

Figura 6.6. Fuente: http://www.wowtabanga.com y www.bituruna.pr.gov.br

6.1.9. Balsas salvavidas: Son flotadores de forma especial que llevan los buques en calzos ad-hoc, y que en caso de no alcanzarse a echarlos al agua cuando el buque se hunda, por medio de un dispositivo especial de los calzos, se destrincan solos al llegar a cierta profundidad. Todas las embarcaciones comerciales, de recreo y pesqueras a nivel industrial están obligadas a llevar estas balsas. El material por lo general es de caucho resistente

Figura 6.7. Tipos de balsas salvavidas Fuente: http://www.nauticexpo.es y http://www.viking-life.com/viking.nsf/public/yachting-rescyouliferafts.html?opendocument&lang=1

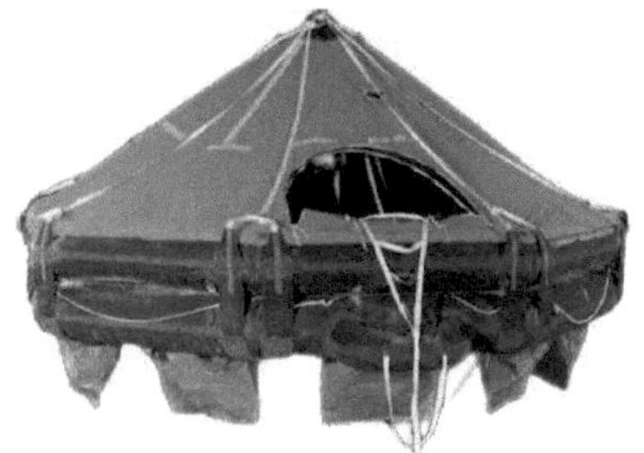

6.1.10. Panga: Embarcación de fondo plano, robusto, usado con motor fuera de borda o remos (una bancada). Generalmente es construido de metal. Es una embarcación auxiliar para la pesca de cerco cuya función es sostener un extremo de la red de cerco, en la faena de pesca, para así cerrar el círculo que la embarcación principal lleva a cabo con la red. Aquellos que tienen motor ayudan a cerrar la bolsa de red para encerrar el cardumen.

105

Figura 6.8. Fuente: http://senaviescobar.com/productos_panga.html#producto

6.1.11. Ballenera: Embarcación grande provista de cajones de aire o compartimientos estancos y de construcción sólida de excelentes condiciones marineras. Se caracterizan porque tienen en proa un cañón que dispara un arpón para cazar las ballenas. Disponen de suficiente espacio para procesarlo a bordo. En la actualidad son escasos porque está prohibido su caza porque está en peligro de extinción esta especie.

Figura 6.9. Fuente:
http://www.wwf.es/que_hacemos/especies/nuestras_soluciones/p
oliticas_de_conservacion/cbi/

6.2. Embarcaciones menores en el Perú

En los últimos años, en el Perú se ha comenzado un ordenamiento de la pesca comercial. Se han emitido normas legales orientadas a preservar los recursos hidrobiológicos a fin de asegurar una pesca sostenible, es decir, una pesca que preserve los stocks de biomasa para que se sostenga en el tiempo. La normatividad asegura el enfoque científico de los recursos y el medio ambiente, cuotas de pesca por embarcación, reclasificación de las embarcaciones pesqueras, acciones sobre pesca ilegal, uso de la pesca, etc. Existe mucha controversia sobre la efectividad de estas medidas, sin embargo, su aplicación se está poniendo en práctica y su impacto se medirá en el futuro.

Teniendo presente la normatividad sobre ordenamiento pesquero, las embarcaciones pesqueras comerciales se han dividido en artesanales y de menor escala, industrial y tranzonal. Veremos brevemente en orden inversa como esta legislación describe la clasificación mencionada:

6.2.1. Embarcaciones pesqueras tranzonales: Debido a la existencia de grandes stocks de recursos hidrobiológicos, tanto comerciales como potenciales, que se desplazan fuera de las 200 millas del territorio marítimo en la zona de alta mar y ante la necesidad estratégica de tener una flota pesquera de altura de bandera nacional constituida por embarcaciones de cerco y de arrastre que realicen actividades extractivas exclusivamente fuera de las aguas jurisdiccionales que aprovechen dichos recursos y generan fuente de trabajo para nuestro país así como divisas para el estado, se establecieron disposiciones normativas para fomentar la existencia de embarcaciones pesqueras de mayor escala que enarbolen la bandera nacional. Para ello, se requiere que se inscriban en el Registro establecido en el Ministerio de la Producción.

En embarcaciones, al realizar actividades pesqueras fuera de las 200 millas se caracterizan por lo siguiente:

i. Se encuentran exceptuadas de la autorización de incremento de flota.
ii. Deben acreditar previamente la inscripción en el Registro Especial de Embarcaciones Pesqueras para realizar actividades extractivas de recursos tranzonales en la zona de Alta Mar, registro administrativo creado por D.S. N° 022-2009-PRODUCE.

6.2.2. Embarcación pesquera de mayor escala industrial: Se consideran embarcaciones industriales o de mayor escala aquellas embarcaciones mayores a 32,6 m3 de capacidad de bodega, destinadas a la extracción de productos hidrobiológicos para la industria de la harina de pescado o sus derivados.. por lo general poseen las siguientes características:

i. Tienen una capacidad de bodega mayor a 32,6 m3.

ii. Requieren de resolución de incremento de flota, que es expedida por el Ministerio de la producción

iii.Sus operaciones la efectúan fuera de las 5 millas marinas.

iv.La pesca que realizan la destinan a la industria.

a) Embarcación pesquera artesanal y de menor escala: Las embarcaciones pesqueras comerciales pueden ser artesanales o de menor escala.

i. **Artesanales**: Son aquellas embarcaciones destinadas a la extracción de productos hidrobiológicos realizadas por personas naturales o jurídicas artesanales. Sus características son las siguientes:

- Tienen un promedio inferior de hasta 10 m^3 de cajón isotérmico o similar.
- No requieren de Resolución de Incremento de flota
- Tienen por lo general hasta 15 metros de eslora.
- Las operaciones que realizan son efectuadas con predominio del trabajo manual dentro de las 5 millas marinas.
- Sus actividades se desarrollan utilizando como base de operaciones playas, caletas y puertos en desembarcaderos o infraestructuras artesanales.
- La pesca que realizan es destinada preferentemente al consumo humano directo.

Un elemento importante en las embarcaciones artesanales son las bodegas, es decir, los espacios destinados a la carga, el cual debe ser isotérmico para que puedan conservar los productos hidrobiológicos que son extraídos en la actividad diaria. La capacidad de bodega se expresa en metros cúbicos. Por lo general las embarcaciones artesanales pequeñas no son construidas con cajón isotérmico. Entonces la medición de ellas se efectúa en arqueo bruto (AB) que es aquella medida de capacidad de carga total de la embarcación que incluye los espacios destinados a los pescadores, máquinas y combustible, éstos últimos, cuando hubiera, pues no todas las embarcaciones artesanales tienen espacio para máquinas o motores y espacios para depositar sus combustibles (pueden ser a remo).

Aquellas embarcaciones cuyo arqueo bruto es inferior a 6,48 de AB no requieren que su capacidad de carga en bodega sea expresada en metros cúbicos, por lo tanto, en la calificación registral debe tenerse en cuenta lo aquí expuesto, y en caso haya una pequeña diferencia, debe aplicarse la tolerancia registral respecto a la capacidad de carga en bodega a la que hace referencia el D.S. N° 028-2003-PRODUCE.

ii. **Menor escala**: Se caracterizan por lo siguiente:

- Son embarcaciones de hasta 32,5 metros cúbicos de capacidad de bodega, implementadas con modernos equipos y sistemas de pesca.
- Su actividad extractiva no tiene la condición de actividad pesquera artesanal.
- Sus actividades la realizan fuera de las 5 millas marinas.

Entre este tipo de embarcaciones se encuentran aquellas embarcaciones conocidas como bolichitos, trasmallo, palangre, etc., que disponen de equipos modernos. Se les encuentra en toda la costa peruana, usados para la pesca costera, dentro de la plataforma continental, aunque algunos como el palangre puede faenar mucho más lejos, pudiendo llegar más allá de las 100 millas de la costa. En general, este tipo de embarcación constituye la mayor parte de los barcos pesqueros del Perú, cerca de 10000 unidades, más de la tercera parte son cerqueros, alrededor del 10% son espineleros, otro porcentaje pequeño son arrastreros, el resto tienen otros aparejos que predominantemente son usados de manera manual.

Figura 6.10. Fuente: http://flotasfopca.blogspot.com/2012/09/tipos-de-embarcaciones-que-operan-en-el.html

6.3. Algunos términos empleados en las embarcaciones menores:

- Regala: Son los tablones que van de proa a popa y que forman la borda de las embarcaciones menores

- Falcas: Son los tablones que se colocan sobre la tapa regala, generalmente a proa, con el objeto de que no entre agua.

- Verduguete: Es un listón que corre por fuera de la regala y que sirve para proteger la embarcación al atracar. Generalmente en las embarcaciones de bancada sencilla (canoas, chalupas, etc.) el verduguete lleva atornillada una varilla de bronce de media caña.

- Gaviete: Es una roldana grande de fierro que llevan en el caperol algunas embarcaciones menores. Los remolcadores lo utilizan principalmente para llevar y fondear anclas y anclotes.

- Defensas: Trozos de cabo enrollados, o estopa forrada en lona, cuero o tejido de cabo, que se colocan al costado de las embarcaciones para protegerlas al atracar.

- Guirnaldas: Es un espía precintada colocada alrededor de la regala de una embarcación menor y bajo el verduguete, con partes más abultadas de trecho en trecho, forradas en cuero generalmente y que sirven para defensa de la embarcación.

- Espejo: Se denomina así al frente de popa de las embarcaciones menores.

- Bancadas: Son tablones que unen las bandas de la embarcación, desempeñan el papel de los baos y sirven de asiento a las bogas.

- Puntales: Trozos de madera que se colocan entre la sobrequilla y el centro de las bancadas con el objeto de aumentar la resistencia de éstas e impedir que se rompan o deformen con el peso.

- Cámara: Es el espacio contiguo a la última bancada de popa. Lleva generalmente asientos laterales y un asiento transversal en su extremo.

- Escudo: Es un trozo de madera barnizada que se coloca al lado de popa de la cámara de las embarcaciones menores. Sirve de respaldo al asiento transversal de la cámara.

- Bichero: Gancho de bronce o fierro galvanizado con asta de madera que sirve para atraer y desatracar una embarcación.

- Atracar un bote: Es la operación de acercarlo al costado de un buque o muelle para que se embarque la gente que ha de ir en él.

- Desabracar un bote: Es la operación de separarlo del costado de un buque o muelle.

- Remolcar: Operación que se efectúa entre dos buques o embarcaciones cuando una de ellas arrastra a otra por medio de un cabo llamado remolque.

REFERENCIALES

01.- Ari Gudmundsson. 2000. Prácticas de seguridad relativas a la estabilidad de buques pesqueros pequeños. Documento Técnico de Pesca y Acuicultura N° 517. FAO. Roma.

02.- Asea Brown Boveri. 2011. Cuaderno de aplicaciones técnicas N° 11: introducción a los sistemas e instalaciones navales a bordo. Barcelona, España.

03.- Barbudo. 1993. Conocimientos marinos.

04.- Brumar. 2012. Catalogo Náutico. San Salvador – Barcelona, España.

05.- Catalogo. 2013. Diamante: hilos, redes, cuerdas. Benimeli, S. Sociedad Limitada. Alicante, España.

06.- De la Llana Martínez, I. 2011. Nuevo Sistema de propulsión naval. Tesis Doctoral, Universidad del País Vasco. Editorial Universitario.

07.- Delgado L., L. 2005. De proa a popa, conceptos básicos. Editorial Paraninfos.

08.- Gallego V., I. 2011. Sistema de pesca, equipos y sistemas del buque. Separata del Curso 2011-2012, publicado en www.enavales.com

09.- García, A., M.J. Bobo, A. Zuña y A. Olivera. 2005. Estimación de potencia de buques rápidos, evaluando las formas de la carena. Publicación N° 188 Ministerio de Defensa. Madrid, España.

10.- Mandelli, A. 1986. Elementos de arquitectrua naval. 3° Edición. Editorial Alsina.

11.- Marco. 2010. Catalogo. Lima, Perú.

12.- Massi, E.E. 2006. Turbinas a gas aplicadas a la propulsión naval. Departamento de Ingeniería Naval, Universidad Tecnológica Nacional. República Argentina.

13.- Ministerio de Asuntos Exteriores y de Cooperación. 2010. Código Internacional de Estabilidad sin avería, 2008. Boletín Oficial del Estado N° 70. España.

14.- Moreno G., J.F. 2000. Diseño preliminar de una embarcación planeadora para servicio de guardacostas en las islas Galápagos. Tesis de grado previa a la obtención del Título de Ingeniero Naval. Escuela Superior Politécnica del Litoral. Quito, Ecuador.

15.- Oyvind Gulbrandsen. 2004. Diseños de embarcaciones pesqueras: 2 lanchas de fondo en "V" endueladas y de madera contrachapada. Documento Técnica de Pesca N° 134, Rev.2, FAO. Roma, Italia

16.- Sánchez M., J.A. 2010. Proceso de diseño, cálculo y construcción de una embarcación menor. Proyecto final de carrera para optar el título de Ingeniería Técnica Naval. Facultad de Náutica de Barcelona. España.

17.- Teale, John. 2012. Como diseñar un barco, una guía paso a paso de todas las fases del diseño de barcos de motor y de veleros. Editorial Tutor. Madrid, España.

18.- Victoriano C., R.A. 2006. Análisis de Ingeniería Naval en el Sistema de Ejes de Propulsión. Tesis para optar Título de Ingeniero Naval. Facultad de Ciencias de la Ingeniería, Universidad Austral de Chile. Chile.

Listado de Páginas Web visitadas:

1.- www.singladuras.jindo.com

2.- http://calculoestructuraldelbuque.blogspot.com/2012/01/capitulo-4-quilla-roda-y-codaste.html

3.- http://www.histarmar.com.ar/nomenclatura/TeoriadelBuque.htm

4.- http://www.sct.gob.mx/fileadmin/CGPMM biblioteca/html/segpesq/capitulo1/cap1p11.htm

5.- http://www.opinionessobrealimentacion.com/2013/04/pescado-fresco-de-calidad.html

6.- http://www.a4maza-online.com/tienda-a/000003/ficha/RED-DE-CERCO-SIN-NUDO.html

7.- http://www.marcoglobal.com/ popup/powerblock_tuna_3.html

8.- http://www.powermatic.com.pe/winches. php

9.-   http://4.bp.blogspot.com/_poQEirQoKUU/SMHUjKgwbXI/AAAAAAAAAek/-7za5R PmdE8/s1600/Winche.jpg

10.- http://www.marcoglobal.com/popup/powerblock_tuna_2.html

11.- http://www.marcoglobal.com/capsulpumps.html

12.- http://www.vieiros.com

13.- http://www.fao.org/docrep/003/v4250s/V4250S08.htm

14.- http://commons.wikimedia.org/wiki/File:Pino_Ladra_29.jpg

15.- http://www.terra.org/categorias/articulos/la-pesca-mar-abierto-alcanza-sus-limites

16.- http://blogsostenible.wordpress.com

17.- http://bibliotecadigital.ilce.edu.mx/sites/ciencia/volumen2/ciencia3/081/htm/sec_8.htm

18.- http://www.seimi.com/pages/popup_print_product.php?id_ref=112176

19.- http://ocw.upc.edu/sites/default/files/materials/15012190/22826-3100.pdf

20.- http://es.scribd.com/doc/53558742/El-Proyecto-Del-Buque

21.- http://www.xente.mundo-r.com/nudos/

22.- http://flickr.com

23.- http://www.rombullronets.com /5_cordeleria_comparativa_etiquetado.html

24.- http://www.surcando.com/ ?q=enciclopedia-nautica/firme

25.- http://www.geocities.ws/modelistas brownianos_archivo03/tecmod64/index.html

26.- http://foro.latabernadel puerto.com/ showthread.php?t=93494

27.- http://www.nauticasanisidro.com.ar/catalogo.sp?IDR=61&TITULO=CABOS&PaginaN ro=7

28.- http://wiki.larocadelconsejo.net/index.php?title=Ligada_simple

29.- http://www.fatzer.com/contento/tabid/421/ Default.aspx?language=es-ES

30.- http://blog.gmveurolift.es/2011/06/cables-de-acero/cable_3/

31.- www.cablesguayalres.com/cablesacero.html

32.- www.slideshare.net/Joseguerra0929/sistema-propulsuon-de-buque

33.- http://www.solocruceros.com/ propulsioncruceros.asp

34.- http://html.rincondelvago.com/turbinas.html

35.- http://lascaldasjsf.blogspot.com/2010/05/la-turbina-de-vapor.html

36.-   http://www.monografias.com/trabajos93/propuesta-instalacion-central-termoelectrica/pro puesta-instalacion-central-termoelectrica2.shtml

37.- www.nauticexpo.es

38.- http://www.sbaysite.com/sciences_ingenieur/2Module/transmettre/transmettre%20l'ener gie.htm

39.-   http://movidasinternetianas.wordpress.com/2011/08/23/barcos-sostenibles-los-yates-hibri dos-de-greenline-hybrid/

40.-   http://www.taringa.net/posts/noticias/5690732/Argentina-construira-un-submarino-nucle ar.html

41.- www.maquinasdebarcos.blogspot.com/2009/03/sistemas_de_propulsion-en-los-buques. html

42.- http://www.zonamilitar.com.ar/foros/threads/hms-queen-elizabeth-primer-bloque-constr uido.21615/

43.- http://bertan.gipuzko akultura.net/23/argazkiak/g/184.jpg

44.- http://es.wikipedia.org/wiki/Bote

45.- http://es.wikipedia .org/wiki/Lancha_motora

46.- http://www.nauticaavinyo.com/178-laud-decoracion

47.- http://www.wowtabanga.com

48.- www.bituruna.pr.gov.br

49.-   http://www.viking-life.com/viking.nsf/public/yachting-rescyouliferafts.html?opendocum ent&lang=1

50.- http://senaviescobar.com/productos_panga.html#producto

51.-

http://www.wwf.es/que_hacemos/especies/nuestras_soluciones/politicas_de_conservaci o n/cbi/

52.- http://flotasfopca.blogspot.com/2012/09/tipos-de-embarcaciones-que-operan-en-el.html

Printed by Books on Demand GmbH, Norderstedt / Germany